KB104789

수학 교과서
개념 읽기

식

기호에서 방정식까지

기호에서 방정식까지

식

수학 교과서 개념 읽기

식

김리나 지음

창비

'수학 교과서 개념 읽기' 시리즈의 집필 과정을
응원하고 지지해 준 모든 분에게 감사드립니다.
특히 제 삶의 버팀목이 되어 주시는 어머니,
인생의 반려자이자 학문의 동반자인 남편,
소중한 선물 나의 딸 송하,
사랑하고 고맙습니다.

흔히들 수학을 잘하기 위해서는 수학의 개념을 잘 이해해야 한다고 말합니다. 그렇다면 '수학의 개념'이란 무엇일까요?

학생들에게 정사각형의 개념이 무엇이냐고 물으면 아마 대부분 "네 각이 직각이고, 네 변의 길이가 같은 사각형"이라고 이야기할 겁니다. 하지만 이는 수학적 약속 또는 정의이지 수학의 개념은 아니랍니다.

수학적 정의는 그 대상을 가장 잘 설명할 수 있는 대표적인 특징을 한 문장으로 요약한 것이라 할 수 있습니다. 따라서 나라마다 다를 수 있고 시대에 따라 달라지기도 합니다. 예를 들어, 정사각형을 '네 각이 직각인 평행사변형'이라고 정의할 수도 있고, '네 변의 길이가 같은 직사각형'이라고 정의할 수도 있지요.

반면 수학의 개념은 여러 가지 수학 지식들이 서로 의미 있게 연결된 상태를 의미합니다. 예를 들어 정사각형을 이해하기 위해서는 점, 선, 면의 개념을 알고 있어야 하고, 각과 길이의 개념도 이해해야 합니다. 또한 정삼각형이나 정육각형 같은 다른 정다각형의 개념도 알아야 이를 정사각형과 구분할 수 있겠지요. 따라서 '수학의 개념을 안다'는 것은 관련된 여러 가지 수학 내용들을 의미 있게 조직할 수 있음을 의미합니다.

하지만 여러 가지 수학 지식들의 공통점과 차이점, 그 외의 연관성들을 이해하고 이를 올바르게 조직하여 하나의 '수학적 개념'을 완성하는 것은 쉬운 일이 아닙니다. 하나의 수학 개념을 이해하기 위해 수와 연산, 도형, 측정과 같은 여러 가지 영역의 지식이 복합적으로 사용되기 때문입니다. 중학교 1학년에서 배우는 수학 개념을 알기 위해 초등학교 3학년에서 배웠던 지식이 필요한 경우도 있지요.

'수학 교과서 개념 읽기'는 수학 개념을 완성하는 것을 목표로 하는 책입니다. 초·중·고 여러 학년과 여러 수학 영역에 걸친 다양한 수학적 지식들이 어떻게 연결되어 있는지를 설명하고 있지요. 초등학교에서 배우는 아주 기초적인 수학 개념부터 고등학교에서 배우는 수준 높은 수학 개념까지, 그 관련성을 중심으로 구성되어 있습니다.

'수학 교과서 개념 읽기'는 수학 개념을 튼튼히 하고 싶은 모든 사람에게 유용한 책입니다. 까다로운 수학 개념도 초등학생이 이해할 수 있도록 여러 가지 그림과 다양한 사례를 통해 쉽게 설명하고 있으니까요. 제각각인 듯 보였던 수학 지식이 어떻게 서로 연결되어 있는지 이해하는 과정을 통해 수학이 단순히 어려운 문제 풀이 과목이 아닌 오랜 역사 속에서 수많은 수학자들의 노력으로 이룩된, 그리고 지금도 변화하고 있는 하나의 학문임을 깨닫게 되기를 희망합니다.

2021년 1월
김리나

식 편은 수학식의 구성부터 종류, 풀이까지 식에 대한 모든 것을 담고 있어요. 식은 수학 문제에서 나오는 여러 가지 정보들을 수학적으로 나타낸 것을 의미합니다. 숫자, 문자를 비롯한 여러 기호를 이용해 식을 표현하는 방법과 다항식에서부터 방정식까지 다양한 식의 종류와 그 풀이 방법을 살펴볼 거예요. 여러 가지 식들을 어떻게 분류하는지, 또 분류된 식에는 어떤 특징이 있는지 이해하는 것은 어려운 수학 문제를 빠르고 정확하게 해결하는 데 꼭 필요하지요. 자, 그럼 식의 의미부터 차근차근 확인해 보아요.

차
례

1부 식의 구성

2부 여러 가지 식의 종류

3부 다항식과 방정식의 풀이

식으로 표현하기

우리는 생각하고 말하는 것을 기록하기 위해서 '한글'을 사용합니다. 한글이 만들어지기 전에는 한자를 사용했습니다. 말과 글이 다르기 때문에 글을 익히는 것도 어려웠고, 생각을 글로 표현하는 것도 쉽지 않았습니다. 한글이 발명된 덕분에 우리는 전보다 자유롭게 생각을 글로 표현할 수 있게 되었습니다.

갑자기 왜 한글에 대한 이야기를 하냐고요? 수학에도 한글처럼 생각과 의미를 전달하는 데 도움을 주는 도구가 있기 때문입니다. 그 도구는 바로 식(式)입니다. 식은 수학적 의미와 생각을 전달하는 데 사용됩니다. '3 + 2 = 5'를 읽었을 때 '3 + 2 = 5'가 무엇을 의미하는지 수학을 배운 사람이라면 누구나 이해할 수 있습니다. 이처럼 식은 수학 문제의 해결 과정을 논리적으로 표현하고 이해하기 위한 도구라고 할 수 있습니다.

그런데 한글을 쓰는 데에는 규칙이 있습니다. 맞춤법과 띄어쓰기 같은 것이 대표적이지요. 또한 한글은 자음과 모음을 의미하는 음소, 말소리의 단위인 음절, 띄어쓰기로 구분할 수 있는 어절 등 다양한 단위를 가지고 있습니다. 이러한 단위들을 적절히 조합하여 생각과 감정을 전달하는 완결된 형태인 문장을 만들게 됩니다. 예를 들어, '수학을 공부하다.'라는 문장은 '수학을'과 '공부하다'라는 두 개의 어절로 구성되어 있고, '수학'은 '수'와 '학' 두 개의 음절로 완성됩니다. 그리고 '수'는 자음 'ㅅ'과 모음 'ㅜ'를 합쳐 만듭니다. 이러한 한글의 단위는 한글을 이해하고 말과 글을 통해 의미를 전달하는 기본 원리를 제공합니다.

한글을 사용하는 데 규칙이 있듯 수학식에도 규칙이 있습니다. 예를 들어, '3 더하기 2는 5와 같다.'라는 문장은 수학에서 '3 + 2 = 5'라는 식으로 나타낼 수 있습니다.

'3 + 2 = 5'라는 식을 '325 +='로 적는다면 아무도 그 의미를 알 수 없을 겁니다. 식(式)은 '법, 규정'을 의미하는 한자입니다. 즉, 식이란 여러 가지 상황을 규칙에 따라 수학적으로 표현하는 것을 의미합니다. 식을 영어로 매시매티컬 익스프레션(mathematical expression)이라고 하는데, 이 역시 규칙에 따른 수학적 표현이라는 의미를 가지고 있지요. 즉, '3 더하기 2는 5와 같다.'라는 문장을 식으로 나타내라는 것은, 이를 규칙에 맞게 수학적으로 표현하라는 뜻입니다.

식을 구성하는 것들

한글의 기본이 되는 단위는 자음과 모음입니다. 이처럼 수학식의 가장 기본이 되는 단위는 숫자, 문자 등의 기호입니다. 이와 같은 기본 단위가 모여 '항'이라는 단위를 만들지요. 그리고 이 항들이 모여 한글의 문장과 같은 '식'을 완성합니다.

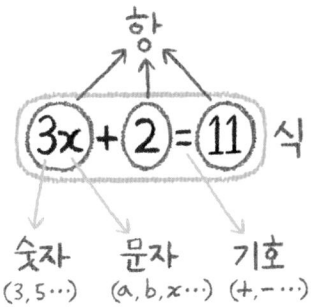

수학식은 다양한 단위로 나누어 생각할 수 있습니다. 식의 단위를 알고 식을 이해하는 것은 수학을 잘할 수 있는 바탕이 됩니다.

식을 분류하는 이유

문장은 목적에 따라 분류할 수 있습니다. 어떠한 상태를 설명하기 위한 평서문, 느낌을 표현하기 위한 감탄문 등이 있지요. 식 역시 그 목적에 따라 다양하게 구분할 수 있습니다. 여러 가지 상황을 수학적으로 간결하게 나타내는 것 자체가 식의 목적이기도 하지요. 하지만 수학식의 최종적인 목적은 식을 이용해 문제를 해결하는 것에 있습니다. 식만 세우고 그 식을 풀지 않는다면 식을 만들 필요가 없을 겁니다. 따라서 식을 분류하는 목적은 그 식을 해결하기 위한 방법과 관련이 있답니다. 예컨대 덧셈식은 덧셈 기호(+)가 사용된 식으로, 이 식을 해결하기 위해서는 더하기의 성질을 활용해야 한다는 의미를 가지고 있습니다. '같다'는 의미의 등호(=)가 사용된 식인 등식 역시 이 식을 풀기 위해서는 등호의 성질을 잘 활용하라는 의미가 담겨 있지요.

우리는 이 책에서 수학식에 대해 차근차근 살펴볼 거예요. 식을 구성하는 여러 가지 단위와 가장 자주 활용되는 식의 종류, 그리고 식을 풀이하는 방법에 대해 알아봅시다. 일단 식이 어떻게 구성되는지부터 확인해 볼까요?

1부

식의 구성

어려운 수학 문제를 해결하기 위해서는 식을 적절하게 만들 수 있어야 합니다. 식을 잘못 세우거나 식의 의미를 다르게 해석하면 전혀 다른 답이 나오니까요. 식을 만들 때에는 식을 구성하는 요소들을 수학적 상황에 맞게 사용하는 것이 중요합니다. 그러기 위해서는 우선 어떤 구성 요소들이 있는지, 이와 관련한 용어들은 무엇이 있는지부터 확인해야겠지요? 가장 기초가 되는 기호부터 시작해 봅시다.

기호

    수학에서 식을 구성하는 가장 작은 단위는 수학 기호입니다. 수학 기호는 여러 가지 수학적 상황들을 간단히 나타내기 위해 수학에서 사용하는 기호를 일컫습니다. 우리가 익히 아는 1, 2, 3… 같은 숫자, a, b, c… 같은 문자, +, −… 같은 연산 기호 등 수학에는 여러 가지 기호들이 사용됩니다. 수많은 기호들 중에서 숫자와 문자는 특별히 구분해서 기억해야 합니다. 숫자와 문자, 나머지 기호들을 차례대로 살펴봅시다.

1. 숫자

숫자는 수를 표시하는 기호입니다. 물체의 양을 의미하는 수는 변하지 않지만, 숫자는 약속하는 방식에 따라 다양한 형태가 존재합니다. 예를 들어, 사과 12개를 숫자로 나타내어 봅시다. 사과의 양은 변하지 않지만, 12개의 양을 표시하는 숫자는 다음 그림과 같이 다양할 수 있습니다.

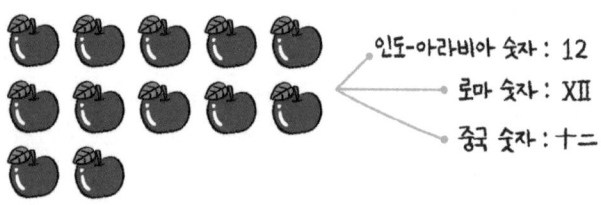

전 세계에 다양한 언어가 존재하듯 과거에는 다양한 숫자들이 존재했습니다. 그러나 지금은 대부분의 나라에서 인도-아라비아 숫자를 사용합니다. 고대 인도에서 사용되던 숫자를 아라비아 상인들이 배워 숫자의 모양을 지금과 같이 변형한 후 유럽에 전파했기 때문에 인도-아라비아 숫자라고 하지요.

인도-아라비아 숫자는 0, 1, 2, 3, 4, 5, 6, 7, 8, 9라는 10개의 숫자 기호를 이용해 세상의 모든 자연수를 다 나타낼 수 있는 편리한 기호 체계입니다. 인도-아라비아 숫자 체계에서는 숫자를 적는 위치에 따라 나타내는 수가 달라지는 '위치기수법'을 사용합니다. 예를 들어, 9를 일의 자리에 쓰면 9, 십의 자리에 쓰면 90, 백의 자리에 쓰면 900을 의미하게 되는 것이지요.

2. 문자

수학식에는 $a, b, c, x, y\cdots$와 같은 알파벳 문자도 사용됩니다. 문자는 숫자로 나타낼 수 없는 양을 표시합니다. '어떤 수에 5를 더한 값은 7과 같다.'라는 문장을 식으로 표현한다고 할 때 '어떤 수'를 나타낼 수 있는 숫자는 없습니다. 따라서 이러한 수는 아직 알지 못하는 수라는 의미에서 '미지수(未知數)'라 하고 x와 같은 알파벳 문자로 표시한답니다.

식에서 알파벳을 사용할 때에는 규칙을 따라야 합니다. 우선, **식에서 모르는 양을 표시할 때에는 x부터 이어지는 알파벳 문자들을 사용합니다.**

어떤 수에 **5**를 더한 값은 **7**과 같다.

$$x + 5 = 7$$

알지 못하는 서로 다른 두 수를 더한 값은 **7**과 같다.

$$x + y = 7$$

z 다음에는 무엇을 쓸까?

수학에서 미지수가 1개일 때는 x를 사용하고, 미지수가 2개 이상일 때는 x 다음 이어지는 y, z를 사용합니다. 미지수가 4개 경우 x, y, z, w 순서로 사용합니다. 그 이상의 미지수가 있을 경우 일반적으로 아래 첨자를 사용하여 x_1, x_2, $x_3\cdots$로 나타내기도 합니다.

반면 **일반적인 수의 규칙을 나타내고자 할 때에는 알파벳의 맨 첫 글자인 a부터 순서대로 사용합니다.** 예를 들어 $3 \div 5 = \dfrac{3}{5}$, $4 \div 7 = \dfrac{4}{7}$와 같이 '정수의 나눗셈은 분수로 나타낼 수 있다.'라는 규칙을 알파벳 문자를 이용해 식으로 나타내면 다음과 같습니다.

$$\text{임의의 자연수 } a, \ b \text{에 대해}$$
$$a \div b = \frac{a}{b}$$

식에서 구해야 할 모르는 수를 표시하거나$(x, y, z\cdots)$

수의 규칙을 나타내는 경우($a, b, c\cdots$)가 아니라면 $k, p,$ $q\cdots$ 등 임의의 알파벳을 사용할 수 있습니다.

식에 알파벳을 이용하는 것은 15세기 프랑스 수학자 르네 데카르트의 영향입니다. 데카르트가 「기하학」이라는 논문에서 알 수 없는 양을 나타내기 위해 알파벳의 마지막 세 글자 x, y, z를 사용하고, 수의 규칙을 설명하기 위해 알파벳의 처음 세 글자 a, b, c를 사용한 것이 수학식에서 문자를 사용할 때의 기준이 되었지요. 데카르트의 방식을 따르기 전에는 수학자들 각자가 자신만의 기호와 문자를 만들어 식에 사용했기 때문에, 하나의 수학식을

란의 『대수학』(1659) 일부. 식에서 미지수를 a, b로 표기하는 것을 확인할 수 있다.

보고도 다양하게 해석하는 문제가 있었습니다. 예를 들어, 데카르트와 비슷한 시기에 활동했던 스위스의 수학자 존 란은 식에서 모르는 양을 표시하기 위해 알파벳 a부터 차례차례 사용하기도 하였지요.

이후 18세기 스위스 수학자 레온하르트 오일러가 데카르트처럼 알파벳 $a, b, c\cdots$와 $x, y, z\cdots$를 나누어 사용하면서 이와 같은 표기법이 일반화되었습니다. 역사상 가장 위대한 수학자 중 한 명으로 꼽히는 오일러는 함수 기호 $f(x)$, 삼각함수에서 사용되는 sin, cos, tan와 같은 기호들을 만든 인물이기도 하지요. 오일러는 약 90여 권의 책과 800여 편에 달하는 논문을 남겼는데, 그로 인해 많은 수학자들이 오일러의 표기법을 따르게 되었습니다. 원주율을 나타내는 기호 π 역시 처음 만든 것은 영국의 수학자 윌리엄 오트레드이지만, 오일러가 사용하면서 널리 퍼져 모든 수학자들이 사용하게 되었지요.

3. 여러 가지 수학 기호

수학식에는 숫자와 문자 이외에도 수많은 기호들이 사용됩니다. 수학식에서 사용되는 기호들은 특정한 의미를 가지고 있습니다. 예를 들어, 수학식에서 더하기는 +라는 기호로, 빼기는 −라는 기호로 나타내지요. { } ( )와 같은 괄호는 계산 순서를, > <와 같은 부등호는 크기의 비교를 나타냅니다. 수학식에서 기호를 사용하면 복잡한 문제 상황을 단순하게 나타낼 수 있습니다. 또한 계산을 효율적으로 하는 데에도 도움이 됩니다. 예를 들어, + 기호 없이 '더하기'라는 말을 반복적으로 쓰면서 덧셈 문제를 푼다고 생각해 봅시다. '3과 6을 더하기'보다 '3 + 6'으로 쓰는 것이 훨씬 간편합니다. 열 문제만 풀어도 더하기라는 말을 10번 써야 하니 생각만 해도 + 기호의 고마움을 알 수 있겠지요?

수학식에 사용되는 기호들은 다양합니다. 더하기(+), 빼기(−), 곱하기(×), 나누기(÷)와 같이 우리에게 익숙한 연산 기호부터 표면 적분 기호 ∯처럼 초등학교에서 고등학교까지의 수학 시간에는 한 번도 배우지 않지만, 수학자들이 자주 사용하는 기호들도 있지요.

이러한 기호가 만들어지고 지금처럼 전 세계 사람들이 사용하는 데에는 오랜 기간이 걸렸답니다. 수학의 기호들이 국가마다 서로 달라 수학식을 공유하기 어렵다는 문제점을 개선하고자 1947년 국제 표준화 기구가 만들어졌습니다. 여기에서는 전 세계에서 통용되는 수학 기호를 지정한답니다. 우리나라는 1963년에 가입했습니다. 그러나 모든 수학 기호가 완벽하게 통일된 것은 아닙니다. 나눗셈 기호처럼 아직 지역에 따라 다르게 사용하는 기호도 있지요.

다양한 나눗셈 기호들

$$\frac{18}{3} \quad 18/3 \quad 18÷3 \quad 18:3 \quad 3\overline{)18}$$

식을 구성하는 기본 요소를 알아보았으니 이제 식을 적어 볼까요? '사과 3개에 몇 개를 더했더니 모두 5개가 되었다.'라는 상황을 식으로 나타내면 다음과 같습니다.

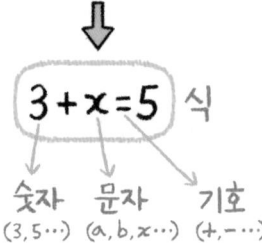

사과 3개에 몇 개를 더했더니 모두 5개가 되었다.

$$3 + x = 5$$ 식

숫자　문자　기호
(3,5…) (a,b,x…) (+,−…)

  이처럼 식을 이용하면 긴 문장 또는 복잡한 수학적 상황을 간단히 나타낼 수 있습니다. 식에서 사용되는 숫자, 문자를 비롯한 여러 기호들은 수학에서 항상 사용하는 약속이기 때문에 그 의미와 사용법을 잘 익히는 것이 좋습니다.

② 항

수학식에서 숫자, 문자, 숫자와 문자의 곱, 문자의 곱 등 곱셈으로 결합된 것을 항이라고 합니다. 항(項)은 문장의 단위를 나타내는 한자로 항목(項目)과 같이 나열된 것을 의미하는 용어에서 사용되지요. 즉, '항'은 그 자체로 단위라는 의미를 가지고 있습니다. 영어에서도 항은 언어의 단위를 의미하는 텀(term)이라고 합니다.

$$\underset{\text{항}}{3x} + \underset{\text{항}}{2y} - \underset{\text{항}}{3}$$

앞의 수학식에서 항에 해당하는 것은 $3x$, $2y$, -3입니다. 이때, 수학식의 덧셈 기호(+)는 항을 구분하는 역할을 합니다. $3x + 2y - 3$은 $3x + 2y + (-3)$으로 생각할 수 있습니다.

항의 종류	예
숫자	$2, 0.11, \dfrac{4}{7}, \sqrt{3}$
문자	a, b, x, y
숫자와 문자를 곱한 것	$3a, \dfrac{1}{2}x$
문자끼리 곱한 것	ab, ax, x^2

숫자와 문자는 그 자체로 하나의 항이 됩니다. 앞서 항은 곱셈으로 결합된 것이라고 했지요. 어떤 수에 1을 곱하면 자기 자신이 됩니다. 따라서 숫자 항과 문자 항은 각각 자기 자신에 숫자 1을 곱한 것으로도 생각할 수 있습니다.

$$5 = 5 \times 1 \qquad a = a \times 1$$

숫자와 문자를 곱한 것, 문자끼리 곱한 것도 하나의 항이 됩니다. 숫자와 문자 사이, 문자와 문자 사이의 곱셈 기호(×)는 생략할 수 있기 때문에 $3 \times x$는 $3x$, $a \times b$는 ab와 같이 간단히 나타낼 수 있습니다.

항이 아닌 경우를 살펴보면 항에 대해 더 정확하게 알 수 있을 거예요. 다음과 같이 문자의 지수가 자연수가 아닌 경우, 문자끼리 나누어진 경우, 연산 기호가 아닌 특수한 기호가 사용된 경우 등은 항이 아닙니다.

항이 아닌 경우	예
문자의 지수가 자연수가 아닌 경우	$x^{\frac{1}{2}}, 6x^{-2}$
문자끼리 나누어진 경우	$\dfrac{x}{y}$
특수한 기호	$\cos(x^2)$

지수는 같은 문자가 몇 번 곱해져 있는지 그 횟수를 나타냅니다. 그렇다면 같은 수가 $\frac{1}{2}$번, 또는 -2번 곱해진 것은 상상할 수 없겠지요? 따라서 항에서 지수는 항상 자연수로 표시되어야 합니다.

$\frac{x}{y}$와 같이 문자끼리 나누어진 경우 역시 항으로 생각하지 않습니다. 곱셈으로 이어진 경우만 항이라고 했으니까요. 그렇다면 $\frac{x}{2}$는 항이라고 할 수 있을까요? $\frac{x}{2}$는 $\frac{1}{2} \times x$로 생각할 수 있기 때문에 숫자와 문자의 곱, 즉 항이라고 할 수 있습니다. $\cos(x^2)$에서 $\cos$은 직각삼각형에서 빗변과 밑변의 길이를 비교할 때 사용되는 수학 기호입니다. 이처럼 특수하게 약속된 기호가 사용되는 경우에도 항이라고 할 수 없습니다.

항의 역사

'항'이라는 용어와 항을 이용한 계산은 아주 오래전부터 사용된 것으로 추측됩니다. 1261년경 중국 수학자 양휘가 쓴 『상해구장산법』에서도 항과 항들의 덧셈으로만 연결된 식과 그 식의 풀이 방법을 찾아볼 수 있습니다. 지금과 같은 항의 개념이 최초로 사용된 기록은 1544년에 독일의 수학자 미하엘 슈티펠의 『산술백과』라는 책에서 찾을 수 있습니다. 그러나 누가 '항'이라는 용어를 처음 사용했고 항을 정의했는지는 알려진 바가 없습니다.

1. 단항식과 다항식

식 중에서 항으로만 이루어진 식을 다항식이라고 합니다. 다항식(多項式)은 '항이 많은 식'이라는 의미를 가지고 있지요. 다항식 중 항이 하나인 식을 단항식(單項式)이라고 합니다. 예를 들어, 다음의 식에서 파란색으로 적힌 식은 항으로만 이루어진 다항식입니다. 그중 -7은 하나의 항으로 구성된 단항식이지요. 붉은 색으로 표시된 식은 다항식이 아닙니다.

$$3x^2 - 2x + 5 \qquad \frac{1}{2}x^2 - \frac{2}{3}x + \frac{3}{4} \qquad 2x + x^{\frac{1}{2}}$$

$$\frac{x}{y} + 2y \qquad 6x^2 + 2x - 3 \qquad x + 3$$

$$\cos(x^2 - 1) \qquad 2a^3b^2 - 3b^2 + 2a - 1 \qquad -7$$

다항식에서 사용되는 숫자와 문자는 변수, 계수, 상수라는 특별한 이름으로 불립니다. 다항식 $2x + 1$에서 임의의 수를 대입할 수 있는 문자 x는 변하는 수, 즉 변수(變數)라고 합니다. 또한 $2x$의 2와 같이 문자에 곱해져 있는 수를 계수라고 합니다. 계수(係數)는 '연결하다'라는 의미의 한자 계(係)와 수를 의미하는 한자를 합해 만든 단어입니다. 반면 1과 같이 숫자로만 이루어진 항을 상수라고 합니다. 상수는 '항상'을 의미하는 한자 상(常)과 수를 의미하는 한자를 합쳐 만든 단어로 식에서 변하지 않는 수를 말합니다.

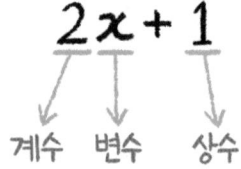

차수

식을 구성하는 요소는 아니지만, 식과 관련하여 여러분이 꼭 알고 있어야 하는 용어가 있습니다. 바로 차수(次數)입니다.

같은 숫자를 여러 번 곱한 경우에는 지수를 이용하여 간단히 나타낼 수 있습니다.

$$3 \times 3 \times 3 \times 3 \times 3 \times 3 \times 3 \times 3 \times 3 \times 3 \times 3$$
$$\rightarrow 3을 11번 곱함$$
$$\rightarrow 3^{11}$$

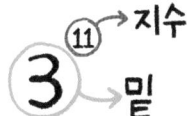

반면 식에서 문자가 곱해진 횟수는 '차수'라고 합니다.

$$x \times x \times x \times x \times x \times x \times x \times x \times x \times x \times x$$
$$\rightarrow x \text{ 를 } 11\text{번 곱함}$$
$$\rightarrow x^{11}$$

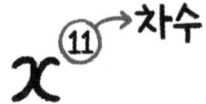

지수와 차수는 표시하는 방법은 비슷하지만 의미는 다르답니다. 지수는 같은 수가 반복해서 곱해진 횟수인 반면, 차수는 꼭 같은 문자가 아니어도 문자들을 곱한 횟수를 모두 나타냅니다. 또한 문자 앞에 곱셈으로 결합된 숫자인 계수의 지수는 상관하지 않고, 오로지 각 문자의 차수만을 더해서 헤아립니다. 다음 표를 함께 살펴봅시다.

항	차수
$-2x^2$	2
$5x$	1
$2x^2y^4$	6
ab	2
112	0

$-2x^2$은 문자 x를 2번 곱했으니 차수가 2입니다. -2는 문자가 아니므로 차수를 셀 때 반영하지 않습니다. $5x$에서 x는 x^1으로 생각할 수 있기 때문에 $5x$의 차수는 1입니다. 반면, $2x^2y^4$은 x를 2번, y를 4번 곱했으므로 차수가 6입니다. 만일 지수로만 생각한다면 동일한 문자를 곱한 횟수만을 찾아야 하지만 차수는 문자의 종류와 상관없이 문자를 곱한 횟수만을 나타내기 때문에 x가 곱해진 횟수와 y가 곱해진 횟수를 모두 셉니다. 따라서 $2x^2y^4$의 차수는 6입니다. 이때, 2는 문자가 아니므로 차수를 계산할 때 포함시키지 않습니다. 같은 방법으로 ab는 문자 a^1과 b^1을 곱했으므로 차수가 2입니다. 112는 문자를 하

나도 곱하지 않았으므로 차수는 0입니다. 물론 112는 112^1이므로 지수는 1이지만요.

차수는 보통 식을 지칭할 때 필요합니다. 이때, 문자에 대해 가장 높은 차수를 기준으로 차수가 1일 때는 일차식, 2일 때는 이차식, 3일 때는 삼차식…과 같이 이야기합니다. 예를 들어, $x^3 + 3x^2 - 2x$라는 다항식에서 가장 높은 차수는 3입니다. 따라서 $x^3 + 3x^2 - 2x$는 삼차식입니다.

x^3 + $3x^2$ − $2x$

3차   2차   1차 ⟹ 같은 문자에 대해서는 가장 높은 차수만 이야기합니다.

그렇다면 한 식에 여러 가지 문자가 사용된 경우는 어떻게 이야기할까요? 예를 들어, $x^2 + 3y - 2$라는 다항식에서 x의 차수는 2이고, y의 차수는 1입니다. 이 경우에는 기준인 문자와 차수를 동시에 이야기합니다. x에 대한 이차식, y에 대한 일차식처럼 말이에요.

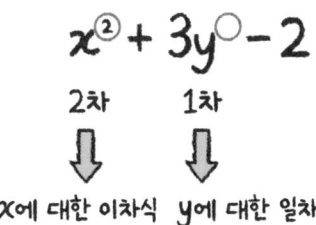

차수를 이용해 여러 가지 식들을 세부적으로 구분할 수 있습니다. 예를 들어, 앞으로 우리가 살펴볼 방정식은 차수를 이용해 일차방정식, 이차방정식, 삼차방정식과 같이 분류할 수 있지요. 한편, 차수는 문자가 곱해진 횟수이므로 무한대로 늘어날 수 있다는 점도 기억하도록 합시다.

 정리하기 | **식의 구성 요소**

1. 식은 문자, 숫자 등을 비롯한 여러 수학 기호로 구성됩니다.
2. 항은 숫자, 문자 혹은 숫자와 문자가 곱셈으로 연결된 것입니다.

항의 종류	예
숫자	$2, 0.11, \dfrac{4}{7}, \sqrt{3}$
문자	a, b, x, y
숫자와 문자를 곱한 것	$3a, \dfrac{1}{2}x$
문자끼리 곱한 것	ab, ax, x^2

3. 차수는 식에서 문자가 반복해서 곱해진 횟수를 의미합니다.

$x + 1 = 2$와 같이 문자와 기호를 이용해 문제를 해결하는 수학의 분야를 대수학이라고 합니다. 대수학을 처음 개척한 수학자는 250년경 활동한 고대 그리스 수학자 디오판토스입니다. 디오판토스 이전에는 수학식을 기호 없이 줄글의 형태로만 나타냈습니다. 디오판토스는 최초로 기호를 식에 사용한 것으로 알려져 있습니다. 디오판토스는 기호를 이용해 여러 가지 미지수들을 표시했어요. 아래 그림은 그리스어로 쓰인 디오판토스의 『산학』에 적힌 미지수들의 발음을 영어로 표기하고, 지금의 기호로 나타낸 것이에요. 예를 들어 그리스어($\tau o\hat{v}\ \mu\grave{\varepsilon}\nu\ \dot{\alpha}\rho\iota\theta\mu o\hat{v}$)는 arithmos로 읽고 현재 우리가 사용하는 미지수 x를 나타내는 단어입니다.

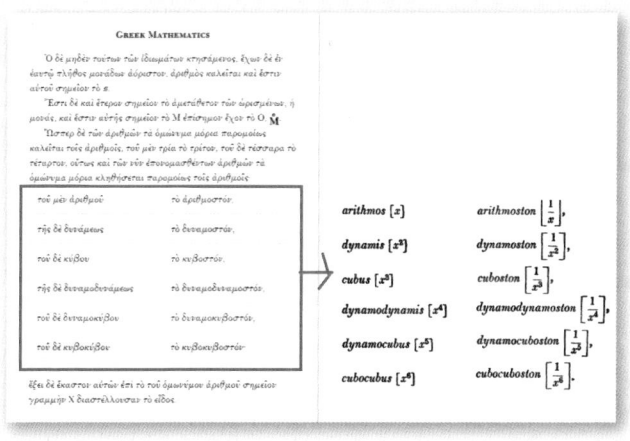

『산학』은 디오판토스의 저서 중 가장 유명한 책입니다. 다양한 수학 문제를 미지수를 활용하여 해결하는 방법을 제시한 책으로 처음에는 13권으로 구성되어 있었으나 지금은 복사본 6권밖에 남아 있지 않습니다. 디오판토스의 책 13권은 알렉산드리아의 도서관에 보관되어 있었으나 389년 발발한 종교 전쟁 중 도서관 화재 때 함께 불타 버렸고, 기적적으로 6권의 복사본만 남게 되었다고 합니다. 이후 6권의 『산학』은 라틴어와 아라비아어로 번역되어 대수학의 발전에 큰 공헌을 했습니다. 17세기 유명한 수학자 페르마 역시 이 『산학』을 공부했다고 전해집니다.

디오판토스의 생애에 대해서는 알려진 바가 거의 없습니다. 『그리스 시집』이라는 고대 그리스 책에 적혀 있는 디오판토스의 묘비명을 통해 간접적으로 디오판토스의 일생을 살펴볼 수 있을 뿐입니다. 식을 사랑한 디오판토스는 자신의 묘비에도 식을 적었다고 합니다. 디오판토스가 남긴 문제를 함께 풀어 볼까요?

> 지나가는 나그네여
>
> 이 비석 밑에는 디오판토스가 잠들어 있소.
>
> 그의 생애를 수로 말하겠소.
>
> 일생의 $\frac{1}{6}$ 은 소년이었고
>
> $\frac{1}{12}$ 은 수염을 길렀소.
>
> 일생의 $\frac{1}{7}$ 을 혼자 살다가
>
> 결혼하여 5년 후에 아이를 낳았는데

그의 아들은 아버지 생애의 $\frac{1}{2}$만큼 살다 죽었으며

아들이 죽고 난 4년 후에

비로소 디오판토스는 일생을 마쳤소.

이 묘비에서 디오판토스의 나이를 x로 두고 식을 세우면 다음과 같습니다.

$$\frac{x}{6} + \frac{x}{12} + \frac{x}{7} + 5 + \frac{x}{2} + 4 = x$$

이 식을 풀면 x는 84이므로, 디오판토스는 84세에 일생을 마쳤음을 알수 있지요.

2부

여러 가지 식의 종류

식을 분류하는 기준은 다양합니다. 식에 사용한 기호에 따라 덧셈 기호가 사용된 덧셈식, 뺄셈 기호가 사용된 뺄셈식 등으로 나눌 수 있지요. 혹은 등호가 사용된 등식, 부등호가 사용된 부등식처럼 나눌 수도 있습니다. 또한 식을 구성하고 있는 단위의 특성에 따라 다항식, 단항식, 삼차방정식 등 특별한 이름을 갖기도 합니다.

등식

등식에 대해 알아보기 전에 다음 문제를 먼저 풀어 봅시다.

Q. 서하는 어제 용돈으로 500원을 받았습니다. 오늘은 어제 받은 용돈의 두 배를 받았습니다. 오늘 받은 용돈은 얼마입니까?

식: 답:

어떤가요? 식을 세우고 답을 찾을 수 있었나요? 그런데 혹시 이 문제의 식을 500×2까지만 써야 할지 $500 \times 2 = 1000$이라고 답까지 써야 할지 고민하지는 않았나요?

식은 문제 상황을 수학적으로 표현하는 것이라는 점을 생각하면, 이 문제의 식은 500×2입니다.

그렇다면 $500 \times 2 = 1000$은 무엇일까요? $500 \times 2 = 1000$은 같음을 나타내는 기호인 등호(=)를 이용해 계산 결과까지 표시한 식입니다. 이러한 식은 등호가 사용되었다고 해서 특별히 '등식(等式)'이라고 합니다.

$$\underline{500 \times 2} \qquad \underline{500 \times 2 = 1000}$$
$$\text{식} \qquad\qquad \text{등식}$$

계산 결과를 등호 오른쪽에 적은 식을 등식이라는 별도의 이름으로 구분하는 이유는 등호가 단순히 계산 결과를 나타내는 기호만은 아니기 때문입니다. 등호는 다양한 수학 문제를 해결하는 데 가장 중요한 열쇠가 됩니다. 우선 등호의 의미와 등식의 성질에 관해 살펴보도록 해요.

1. 등호의 의미

등호(等號)는 '같다'라는 의미의 한자 등(等)과 '기호'를 나타내는 한자 호(號)를 합쳐서 만든 단어입니다. 기호 = 를 등호라고 합니다. 예를 들어, '3 더하기 2는 5와 같다'를 식으로 나타내면 '3 + 2 = 5'라고 쓸 수 있습니다. 등호는 로버트 레코드라는 영국 수학자가 1557년 『지혜의 숫돌』이라는 책에서 처음 사용하였습니다. 당시에는 수학과 관련한 용어들이 모두 라틴어로 되어 있었어요. 3 + 2 = 5와 같은 간단한 식도 '3 더하기 2는 5와 같다'라고 일일이 라틴어로 적어야 했습니다. '~와 같다'라는 의미의 'aequalis'를 이용해 식을 써야 했는데 이를 줄여 'ac' 또는 'oe'로 적기도 했답니다.

레코드는 수학식에서 가장 많이 사용되는 표현 중 하나인 '~와 같다'를 나타내기 위해 반복해서 글자를 적어야 하는 것에 불편함을 느꼈어요. 레코드는 2개의 평행선이 '같다'라는 의미를 나타내기에 가장 적합하다고 생각했지요. 그래서 기호 =를 만들어 식에서 '~와 같다'라는 의미를 표시했고, 이것이 우리가 지금 사용하는 등호가 되었답니다.

이 등호가 사용된 식을 등식이라고 합니다. 등호를 중심으로 왼쪽을 좌변, 오른쪽을 우변이라고 해요. 좌변과 우변을 합쳐 양변이라고 합니다.

$$3 + 2 = 5$$

좌변   우변

양변

흔히 등호는 $500 \times 2 = 1000$과 같이 계산 결과를 적을 때 사용한다고 여겨집니다. 하지만 등호는 그보다는 '서로 같다'의 의미로 이해해야 합니다. '3 더하기 2와 5는 서로 같다'처럼 말이에요. 그 이유는 등식의 우변에 계산 결과인 수뿐만 아니라 $3x + 5$와 같은 식을 적을 수도 있기 때문입니다. 그리고 좌변과 우변의 '서로 같음'을 이용해 여러 문제 상황을 표현하고 해결할 수 있습니다.

양팔저울을 이용해 등호의 의미를 알아봅시다.

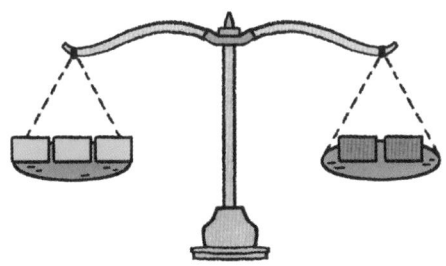

　양팔저울이 수평을 이루고 있으니 왼쪽과 오른쪽의 무게가 서로 같다는 것을 알 수 있습니다. 양팔저울의 왼쪽에는 파란 상자가 3개, 오른쪽에는 빨간 상자가 2개 있군요. 이를 식으로 나타내어 볼까요? 파란 상자와 빨간 상자의 무게는 알 수 없으니 각각 x, y로 표시하기로 해요. 양팔저울이 평형을 이루고 있는 상태는 등호(=)를 이용할 수 있겠지요?

파란 상자(x) 3개의 무게 = 빨간 상자(y) 2개의 무게

$$3x = 2y$$

2. 등식의 성질

  등식의 좌변과 우변에 각각 같은 수를 더하거나 빼고, 곱하거나 나누어도 등호를 그대로 사용할 수 있습니다. 이를 등식의 성질이라고 해요. 등식을 양팔저울로 생각한 다면 쉽게 이해할 수 있을 거예요. 예를 들어, 파란 상자, 빨간 상자, 초록 상자의 무게를 각각 x, y, z 라고 하면 다음과 같이 쓸 수 있어요.

[등식의 성질 1] 양변에 같은 수를 더해도 등식은 성립한다.

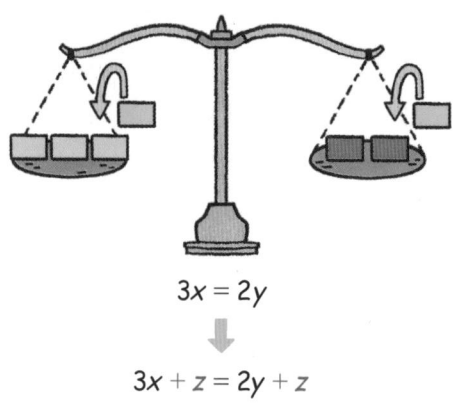

$$3x = 2y$$

$$3x + z = 2y + z$$

[등식의 성질 2] 양변에 같은 수를 빼도 등식은 성립한다.

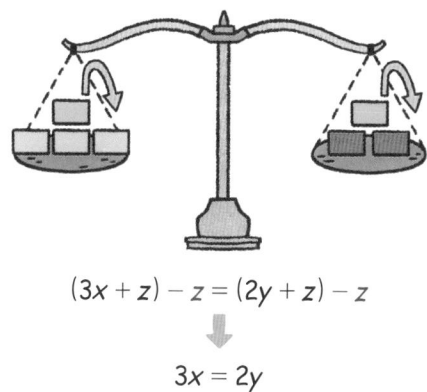

$$(3x + z) - z = (2y + z) - z$$

$$3x = 2y$$

[등식의 성질 3] 양변에 같은 수를 곱해도 등식은 성립한다.

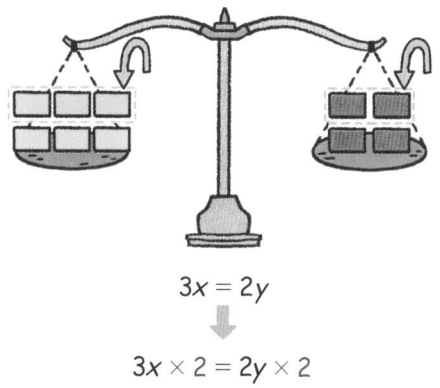

$$3x = 2y$$

$$3x \times 2 = 2y \times 2$$

[등식의 성질 4] 양변을 같은 수로 나눠도 등식은 성립한다.

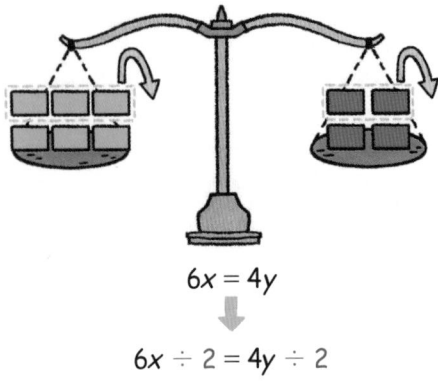

$$6x = 4y$$

$$6x \div 2 = 4y \div 2$$

이와 같은 등식의 성질을 이용하면 다양한 수학 문제를 더 쉽게 해결할 수 있고, 등식을 더 간단히 정리할 수 있답니다.

3. 등식의 구분

500 × 2 = 1000과 같이 계산 결과를 적은 식과 $3x + 4 = 2x + 5$와 같이 계산을 위한 식 외에 또 다른 경우의 등식이 한 가지 더 있습니다. 바로 3 = 3과 같이 등호의 양변에 같은 값을 적는 경우입니다.

영어로는 세 경우 모두 등식(equation)으로 표현하지만 우리나라에서는 각각을 구분합니다. $3x + 4 = 2x + 5$와 같이 계산을 위한 등식을 '방정식', 3 = 3과 같이 등호의 양변에 같은 값을 적은 등식을 '항등식'이라고 부릅니다.

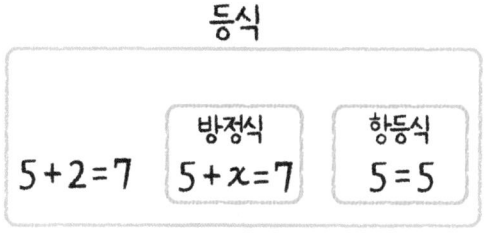

왜 굳이 등식 중 일부분을 방정식, 항등식으로 구분하

여 부르는 걸까요? 방정식과 항등식을 왜 구분해야 하는
지, 방정식과 항등식이 어떻게 활용되는지 알아보도록
해요.

방정식과 항등식

방정식은 미지수에 특정한 값을 넣었을 때 성립하는 등식을 의미합니다. 방정식의 역사는 꽤 깁니다. 중국 고대의 수학책인 『구장산술』을 보면 '방정($方程$)'이라는 단어가 사용되고 있어요. 9개의 장으로 구성되어 있는 『구장산술』의 제8장의 제목이 '방정'입니다.

『구장산술』에서는 숫자들을 마방진과 같은 틀 안에 써 놓고 다양한 방향으로 숫자들을 더하거나 빼서 방정식의 해를 구하고 있습니다. 사각형($方$) 안에서 이루어지는 계산 과정($程$)이라는 의미로 이 풀이 방법을 방정($方程$)이라고 했답니다.

『구장산술』에서 사용되었던 단어를 그대로 사용하다

보니 우리에게 방정식이라는 단어가 좀 어색하고 어렵게 느껴지기도 합니다. 하지만 이름과 달리 방정식의 개념은 어렵지 않아요. 예를 들어, 다음 식을 살펴볼까요?

$$5 + x = 7$$

이 식에서 우리가 아직 모르는 수, 즉 미지수는 x입니다. x 대신 2를 식에 넣어 볼까요? 이와 같이 **미지수에 숫자를 넣어 식을 다시 적어 보는 것을 '대입'이라고 해요.** 2를 대입하면 다음과 같이 식을 쓸 수 있습니다.

$$5 + 2 = 7$$

어떤가요? 5 + 2는 7과 같으니 x 대신 2를 대입하면 식이 '참'이 됩니다. 이번에는 x 대신 3을 대입해 볼까요? 다음과 같이 등식은 '거짓'이 됩니다.

$$5 + 3 \neq 7$$

이처럼 **미지수에 넣는 수에 따라 참이 되기도 하고 거짓이 되기도 하는 등식을 '방정식'이라고 합니다.** 방정식이 참이 될 때의 미지수를 방정식의 해 또는 방정식의 근이라고 해요. 해(解)는 '풀이'를 의미하는 한자이고 근(根)은 '뿌리'를 나타내는 한자입니다. 뿌리는 식물에서 영양분을 흡수하는 기관이지만, 일상생활에서 근원, 기초를 의미하는 용어로 사용되기도 해요. 우리가 식물의 뿌리를 볼 수 없듯이 방정식의 근 또한 식을 모두 풀기 전까지 찾을 수 없답니다. 식을 모두 '풀면' 나오는 값이라는 뜻에서 해라고도 하지요. 즉, $5 + x = 7$에서 방정식의 해 또는 근은 2가 되지요. 방정식을 푸는 것은 방정식의 해를 찾는 것을 뜻합니다.

등식 : $5 + 2 = \underline{x}$
식의 답

방정식 : $5 + \underline{x} = 7$
방정식의 해 또는 근

따라서 방정식은 해를 찾는 것을 목적으로 하는 등식이라고 할 수 있습니다. 방정식이 참이 되는가 혹은 거짓이 되는가가 중요한 것이 아니라 결국 등식의 성질을 이용하여 모르는 값을 찾는 것이 방정식을 계산하는 목표인 것이지요.

제곱근과 방정식의 근

같은 수 □를 반복해서 2번 곱해 9가 될 때, □를 9의 제곱근이라고 합니다. □를 표현할 때는 $\sqrt{}$ (루트, root) 기호를 붙여 $\sqrt{9}$라고 쓰고 '루트 9'라고 읽습니다. 제곱근의 '근(根)'은 뿌리, 근원이라는 뜻을 가지고 있습니다. 방정식의 근 역시 방정식을 참으로 만드는 근간인 뿌리의 의미가 있습니다.

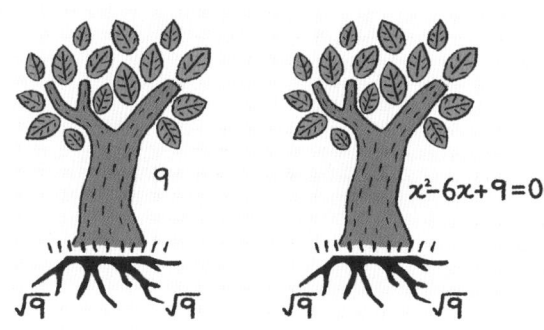

항이 덧셈 뺄셈 기호로 연결된 식인 다항식에 등호를 더하면 방정식이 됩니다. 다항식은 미지수에 대입하는 수에 따라 참, 거짓을 이야기할 수 없지만, 등호를 추가한 등식은 미지수 값에 따라 참이 되기도 하고 거짓이 되기도 합니다.

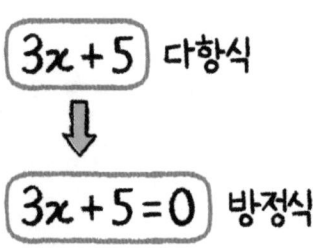

다항식으로 구성된 방정식은 '근의 공식'이라고 불리는 특별한 풀이 방법으로 해결이 가능합니다. 또 식을 그래프로 나타낼 때 유용하기 때문에 수학 시간에 중요하게 다루어진답니다. 다음 표를 통해 다항식으로만 이루어진 방정식에 대해 조금 더 살펴볼까요?

방정식의 형태	예시	이름
$ax + b = 0$	$3x + 5 = 0$ $4x - 8 = 0$	일차방정식
$ax^2 + bx + c = 0$	$2x^2 + 3x + 5 = 0$ $4x^2 - 8x + 2 = 0$	이차방정식
$ax^3 + bx^2 + cx + d = 0$	$x^3 + 3x^2 + 4x - 2 = 0$ $2x^3 + 7x^2 - 8x = 0$	삼차방정식
⋮	⋮	⋮

방정식의 형태를 살펴보면 $ax + b = 0$, $ax^2 + bx + c = 0$, $ax^3 + bx^2 + cx + d = 0$…과 같이 x의 차수가 증가하는 것이 보이나요? 미지수(x)의 가장 높은 차수에 따라 일차방정식, 이차방정식, 삼차방정식…과 같은 이름을 붙여 다항식으로 이루어진 방정식을 구분합니다.

굳이 차수에 따라 별도의 이름을 붙이는 이유는 각 방정식의 미지수 값, 즉 근을 쉽게 구할 수 있는 공식이 있기 때문이에요. 이를 '근의 공식'이라고 하지요. 방정식 중에서

$ax + b = 0,\ ax^2 + bx + c = 0,\ ax^3 + bx^2 + cx + d = 0\cdots$
과 같은 형태의 식을 보면 복잡하게 계산할 필요 없이 바로 근의 공식을 이용해 x값을 구할 수 있답니다.

예를 들어 이차방정식 $ax^2 + bx + c = 0$의 근의 공식은 $x = \dfrac{-b \pm \sqrt{b^2 - 4ac}}{2a}$이에요. 이차방정식 $2x^2 - 8x - 20 = 0$을 풀기 위해 a 대신 2, b 대신 -8, c 대신 -20을 근의 공식에 대입하면 근을 구할 수 있지요. 방정식의 근의 공식을 찾는 과정은 이 책의 3부에서 살펴볼 거예요. 지금 우리의 목표는 왜 다항식으로만 이루어진 방정식이 중요한지를 이해하는 것이니까요.

2. 항등식과 그래프

이번에는 항등식이라는 별도의 이름이 필요한 이유를 알아보아요. 항등식(恒等式)은 '항상 같은 식'이라는 의미를 가지고 있습니다. 예를 들어, 식 $x + 2 = 2 + x$를 생각해 볼까요? 이 식은 등호가 사용되었으니 등식이라고 할 수 있습니다. 그런데 x에 어떤 수를 넣어도 항상 등식이 성립합니다. 다음과 같이 말이에요.

$$x + 2 = 2 + x$$
$$x \text{가 2일 때} : 2 + 2 = 2 + 2$$
$$x \text{가 3일 때} : 3 + 2 = 2 + 3$$

항등식은 수학 문제 풀이에 많이 사용되는 식은 아니에요. 미지수에 어떤 수를 넣어도 항상 등식이 성립되기 때문에 미지수가 특별한 의미를 갖지 못하기 때문이지요. 하지만 항등식은 방정식을 그래프로 변환하는 데 필요하다는 점에서 중요한 개념입니다.

우선 왜 방정식을 그래프로 표현해야 하는지부터 생각

해 볼까요? 다음 그림처럼 다리를 건설하려고 합니다. 큰 다리를 건설하기 위해서는 정확한 설계가 필수적이겠지요? 다리의 직선 부분은 자를 이용해 그린다고 해도 다리 사이에 늘어진 포물선 부분은 어떻게 그려야 할까요?

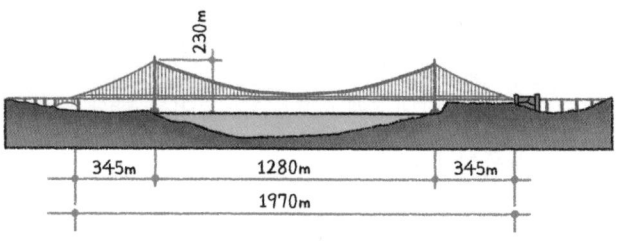

포물선을 그리는 것 자체가 쉬운 일이 아닙니다. 설계도를 잘 그렸다고 해도 실제 다리를 만들 때 포물선 부분을 만드는 철근의 길이는 얼마나 해야 할지, 각도는 얼마로 해서 늘어뜨려야 할지 수학적으로 정확하게 계산하지 않는다면 튼튼한 다리를 만들 수 없을 겁니다. 만일 포물선 부분을 수학식으로 나타낼 수 있다면, 반대로 수학식을 이용해 정확한 포물선을 그려 낼 수 있다면 정확한 설계가 가능하겠지요?

앞의 그림은 실제 미국에 존재하는 금문교라는 다리의 모습입니다. 그리고 금문교의 포물선 부분의 철근의 모양을 구현하는 데에는 $y = 0.00037109385x^2 - 0.475x + 227$ 이라는 식이 사용되었지요. 그리고 그 식을 그래프로 나타내면 아래와 같습니다.

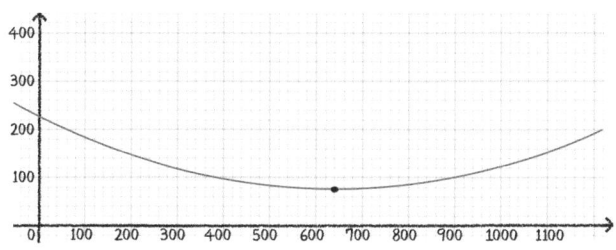

$y = 0.00037109385x^2 - 0.475x + 227$의 그래프

이와 같이 식을 그래프로 바꾸는 것을 최초로 고안해 낸 수학자는 데카르트입니다. 앞서 식에 알파벳을 사용하는 규칙을 세웠다고 소개한 그 인물이지요. 데카르트는 여러 가지 도형을 식으로 표현하는 방법을 찾아냈고, 이를 이용해 식을 그래프로 나타낼 수 있게 되었습니다. 다

항식으로 이루어진 방정식은 식을 그래프로, 그래프를 식으로 나타내는 데 가장 중요한 식입니다.

자, 그럼 데카르트가 항등식의 개념을 어떻게 활용했는지 알아볼까요? 일단 다음 항등식을 살펴봅시다.

$$x = x$$

$x = x$라니 너무 당연한 이야기지요? 미지수 x 대신에 1을 대입하면 $1 = 1$, 2를 대입하면 $2 = 2$가 되니까요. 그렇다면 이번에는 두 미지수 중 하나를 다른 문자인 y로 바꾸어 봅시다. 다음 식처럼 말이에요.

$$y = x$$

미지수 x 대신에 1을 대입하면 y는 x와 같으니 결국 $1 = 1$이라는 등식이 됩니다. 하지만 $x = x$라는 식과 달리 새로운 미지수 y가 사용되었지요. 이때, x값에 따른 y값을 정리하면 다음 표와 같습니다.

x	1	2	3	4	5	6	...
y	1	2	3	4	5	6	...

데카르트는 x값에 따른 y값의 변화를 다음과 같이 좌표평면 위에 나타내는 방법을 생각했어요. x값이 1일 때 y값이 1이 되는 곳에 점을 찍고, x값이 2일 때 y값이 2가 되는 곳에 점을 찍는 방식으로 계속 점을 찍어 하나의 선으로 연결하는 것이지요.

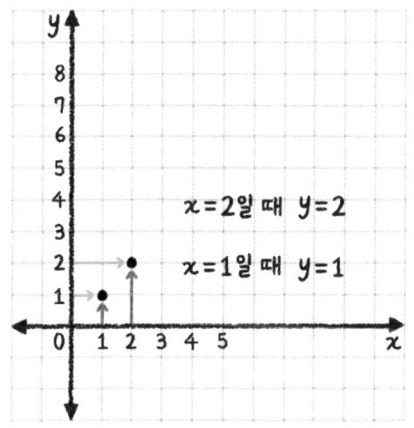

1과 2 사이에는 1.2, 1.3432와 같이 무수히 많은 수들이 존재합니다. 따라서 이러한 점들을 모두 연결하면 선이 되겠지요. 즉, $y = x$를 좌표평면 위에 다음과 같이 나타낼 수 있어요.

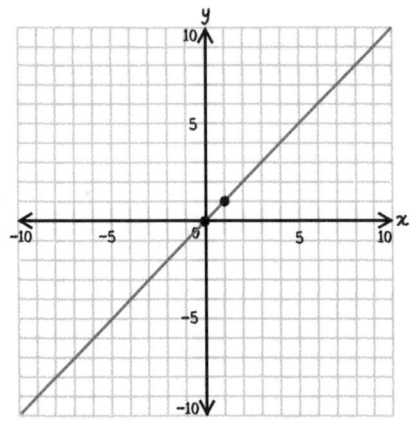

이와 같은 방법을 이용해 도형을 식으로 나타낼 수 있게 되었습니다. 또 앞에서 살펴본 다리의 설계와 같은 수학적 계산도 가능하게 되었답니다. 너무나 당연하게만 느껴졌던 항등식에서 미지수를 바꾸었을 뿐인데 새로운 수학의 세계가 열리게 된 것이지요.

데카르트는 두 개의 직선을 수직으로 교차시킨 직교 좌표계(直交座標系)를 만들었어요. 데카르트의 이름을 따 데카르트 좌표계라고도 불리는 직교 좌표계는 수학에서 가장 많이 사용되는 좌표계 중 하나이기 때문에 간단히 좌표평면(座標平面)이라고도 합니다. 좌표평면에서 가로로 놓인 수직선을 x축, 세로로 놓인 수직선을 y축이라고 합니다.

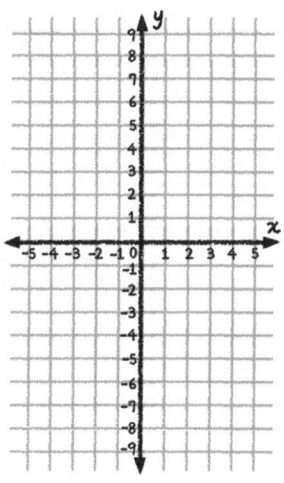

데카르트가 다항식으로 구성된 방정식을 그래프로 나타내는 방법을 찾아내면서 다항식은 수학에서 너무나 중요한 개념이 되었습니다. 그래서 우리가 앞에서 다항식의 개념과 관련 용어들을 꼼꼼하게 확인한 것이지요. 특히 다항식의 계수와 상수는 그래프의 모양과 위치를 결정하는 데 중요하기 때문에 특별한 이름을 붙였습니다. 예를 들어, 식 $y = 2x + 1$을 그래프로 나타내면 다음과 같습니다.

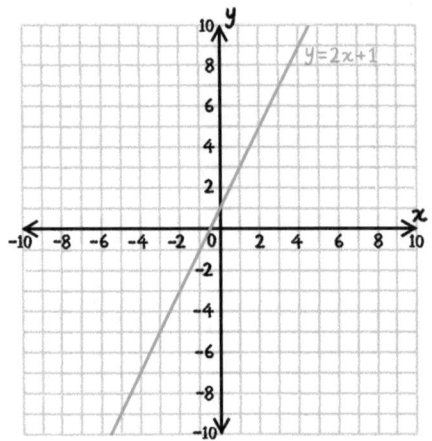

이때 $2x + 1$에서 x 앞의 수 2, 즉 계수는 직선의 기울기를 의미합니다. x 앞의 수가 바뀜에 따라 직선의 기울기는 다음과 같이 달라집니다.

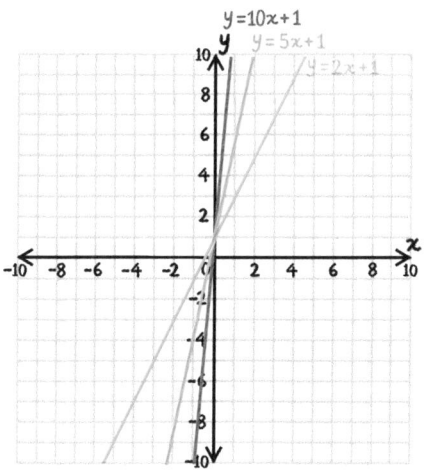

한편 $2x + 1$에서 상수 1은 직선이 y축과 만나는 점, 즉 y절편을 의미합니다. 상수가 바뀜에 따라 그래프의 위치 또한 변하게 됩니다.

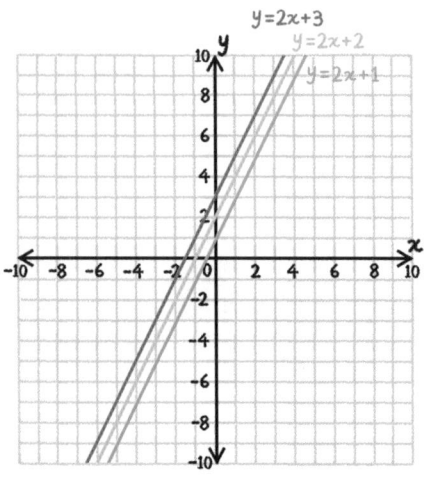

　계수와 상수는 이처럼 그래프의 모양과 관련이 깊습니다. 식을 그래프로 바꿀 때 꼭 알아야 할 수이기 때문에 특별한 이름을 붙여 구분합니다.

부등식

우리가 수학 시간에 보는 대부분의 식은 $3 + x = 7$과 같이 정해진 미지수 값을 찾는 것이 목표입니다. 그런데 일상생활에는 등식으로 나타낼 수 없는 문제도 많이 있답니다.

예를 들어, 어느 식당에서 음식을 한 달에 150만 원어치 이상 파는 것을 목표로 하였습니다. 음식 한 그릇의 가격이 8000원일 때, 이 음식을 몇 그릇 이상 팔아야 할지 생각해 봅시다. 음식의 그릇 수를 x로 하여 이 상황을 등식으로 나타내면 $8000 \times x = 1500000$이라고 쓸 수 있습니다. 그런데 어딘지 이상합니다. 음식을 정확하게 몇 그릇 팔아야 하는지를 묻는 것이 아니라 몇 그릇 이상 팔아야 하는지를 묻고 있기 때문에 등호를 사용하는 것이 어색하지요.

　이러한 식에서 사용하는 것이 바로 부등호입니다. 부등호는 등호 앞에 '아니다'라는 의미의 한자 '부(不)'를 붙여 '같지 않음을 나타내는 기호'라는 의미를 가지고 있습니다. 등호가 사용된 식을 등식이라고 하듯 **부등호가 사용된 식을 부등식이라고 합니다.**

1. 부등호의 종류

　부등호는 영국의 수학자 토머스 해리엇이 1631년 출간한 『해석술의 연습』이라는 책에서 처음 사용했다고 알려져 있습니다. 해리엇은 처음에 삼각형 모양의 부등호를 사용했었는데 이 책을 출판하는 출판사의 편집자가 삼각형보다는 >, <가 더 낫다고 해리엇에게 제안하여 지금의 부등호가 만들어졌다는 일화가 있습니다. 이후 프랑스 물리학자 피에르 부게르가 1734년 등호와 부등호를 함께

부등호	의미	예시
$\neq$	같지 않다	$x + 2 \neq 3$ $x + 2$는 3과 같지 않다.
$>$	~보다 크다	$x + 2 > 3$ $x + 2$는 3보다 크다.
$<$	~보다 작다	$x + 2 < 3$ $x + 2$는 3보다 작다.
$\geq$	~보다 크거나 같다	$x + 2 \geq 3$ $x + 2$는 3보다 크거나 같다.
$\leq$	~보다 작거나 같다	$x + 2 \leq 3$ $x + 2$는 3보다 작거나 같다.

쓴 기호 ≥, ≤를 만들었습니다. ≠ 기호는 스위스 수학자 오일러가 만들어 사용했습니다.

부등호를 사용해 부등식을 만들면 다음과 같습니다.

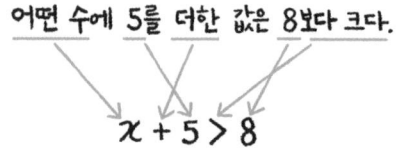

부등식도 부등호를 중심으로 왼쪽을 좌변, 오른쪽을 우변이라고 합니다. 부등식과 등식의 다른 점은 좌변과 우변의 위치를 바꾸면 부등호의 표시도 바꿔야 한다는 것입니다.

$$\text{등식: } x + 5 = 8 \Longleftrightarrow 8 = x + 5$$

$$\text{부등식: } x + 5 > 8 \Longleftrightarrow 8 < x + 5$$

방정식은 등식 중 미지수에 대입하는 수에 따라 식이 참이 되기도 하고 거짓이 되기도 하는 식입니다. 부등식

역시 미지수에 대입하는 수에 따라 참이 되기도 하고 거짓이 되기도 합니다. 예를 들어 $x + 5 > 8$이라는 부등식의 미지수 x가 자연수라고 가정하면, x가 1, 2, 3일 때는 부등식이 거짓이 되지만, 4, 5, 6…과 같이 4 이상의 자연수를 x에 대입하면 부등식이 참이 됩니다.

$$x + 5 > 8$$

x가 1일 때: $1 + 5 > 8$ (거짓)

x가 2일 때: $2 + 5 > 8$ (거짓)

x가 3일 때: $3 + 5 > 8$ (거짓)

x가 4일 때: $4 + 5 > 8$ (참)

부등식의 미지수에 대입했을 때 부등식이 참이 되게 하는 모든 수를 부등식의 해 또는 근이라고 합니다. 부등식의 해를 구하는 것을 '부등식을 푼다'라고 이야기하지요.

2. 부등식의 성질

등식의 성질과 같이 부등식에도 다양한 성질이 있습니다. 부등식의 성질을 잘 알고 있어야 부등식을 더 쉽게 풀 수 있습니다. 등식의 성질과 비교해 가며 부등식의 성질을 살펴봅시다.

| 등식의 성질 |

[성질 1] 양변에 같은 수를 더해도 등식은 성립한다.
[성질 2] 양변에 같은 수를 빼도 등식은 성립한다.
[성질 3] 양변에 같은 수를 곱해도 등식은 성립한다.
[성질 4] 양변을 같은 수로 나눠도 등식은 성립한다.

우선 등식의 성질 1과 2가 부등식에서도 적용되는지 확인해 보아요. 두 수 −3과 1의 크기를 부등호를 이용해 나타내 봅시다. −3은 0보다 작은 수이므로 당연히 1보다 작겠지요?

$$-3 < 1$$

좀 더 확실한 비교를 위해 −3과 1을 수직선 위에 표시하면 다음과 같습니다.

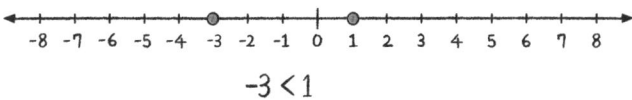

$$-3 < 1$$

이제 부등식 −3 < 1의 양변에 같은 수를 각각 더해 봅시다. 예를 들어, 양변에 5를 더해 볼까요? 5를 더한 위치를 수직선 위에 나타내면 다음과 같습니다. −3에 5를 더하는 것은 수직선에서 오른쪽으로 다섯 칸 움직이는 것과 같으므로 −3 더하기 5는 2라는 것을 알 수 있습니다. 1에 5를 더하면 6이 되겠지요?

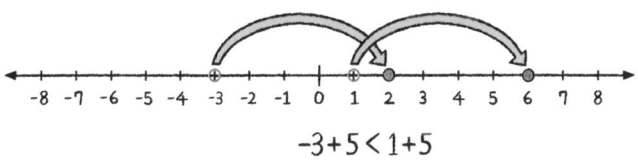

$$-3 + 5 < 1 + 5$$

수직선에서 보이는 것처럼 부등식 −3 < 1의 양변에 같

은 수를 더하면 두 수의 간격이 그대로 유지되면서 위치만 똑같이 오른쪽으로 이동합니다. 따라서 **부등식의 양변에 같은 수를 더해도 부등호의 방향은 변하지 않는 것을 확인할 수 있습니다.**

이번에는 부등식의 양변에서 같은 수를 빼 볼까요? 부등식 −3 < 1의 양변에서 2를 빼면 다음 수직선과 같이 나타낼 수 있습니다. −3에서 2를 빼면 −5, 1에서 2를 빼면 −1입니다.

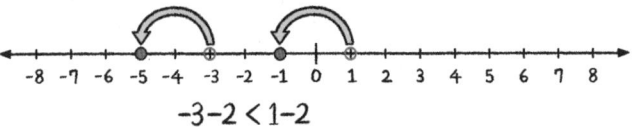

$$-3-2 < 1-2$$

부등식 −3 < 1의 양변에서 같은 수를 뺄 때 두 수의 간격이 그대로 유지되면서 위치만 똑같이 왼쪽으로 이동하는 것을 볼 수 있습니다. 따라서 **부등식의 양변에 같은 수를 빼도 부등호의 방향은 변하지 않습니다.**

따라서 등식의 성질 1과 2는 부등식에서도 그대로 적

용된다는 것을 알 수 있습니다.

이번에는 등식의 성질 3과 4, 즉 기호를 중심으로 양변에 같은 수를 곱하거나 나누는 경우를 알아봅시다. $-4 < 2$의 양변을 2로 곱하거나 나누어 볼까요?

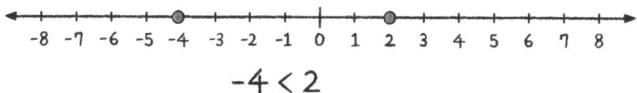

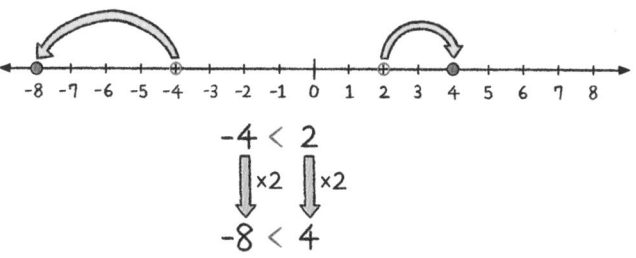

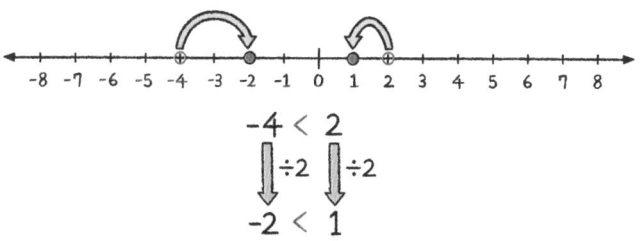

−4 < 2의 양변을 2로 곱하거나 나누어도 여전히 부등호의 방향이 바뀌지 않는 것을 확인할 수 있습니다.

그런데 이상한 점이 보입니다. 부등식의 양변에 같은 수를 더하거나 뺄 때에는 좌변과 우변의 수의 간격이 일정했는데, 곱하거나 나눌 때에는 두 수 사이의 간격이 더 벌어지기도 하고 더 좁아지기도 합니다.

−1, −2, −3과 같이 0보다 작은 수를 음의 정수, 1, 2, 3과 같이 0보다 큰 수를 양의 정수라고 하지요? 양의 정수는 숫자가 클수록 수가 더 커지는 반면 음의 정수는 숫자가 더 커지면 수 자체는 더 작아집니다. 이는 수직선에서 오른쪽으로 갈수록 더 큰 수를 나타내기 때문이지요. 따라서 −4 × 2, 즉 −4를 두 번 더한 값인 −8은 −4보다 작은 수가 되고 2 × 2, 즉 2를 두 번 더한 값인 4는 원래의 수 2보다 더 큰 수가 됩니다. 하지만 부등식의 양변에 양의 정수를 곱하거나 나누면 좌변과 우변의 수 사이의 간격은 달라져도 부등호의 방향은 여전히 그대로입니다. 그렇다면 이번에는 좌변과 우변의 수를 음의 정수로 곱하거나 나누어 볼까요?

우선 −4 < 4에서 양변에 각각 −2를 곱해 봅시다. 음의 정수와 음의 정수의 곱은 양의 정수가 됩니다. 따라서 −4와 −2의 곱은 8입니다. 양의 정수와 음의 정수의 곱은 음의 정수가 됩니다. 즉 4와 −2의 곱은 −8입니다.

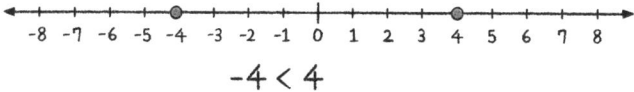

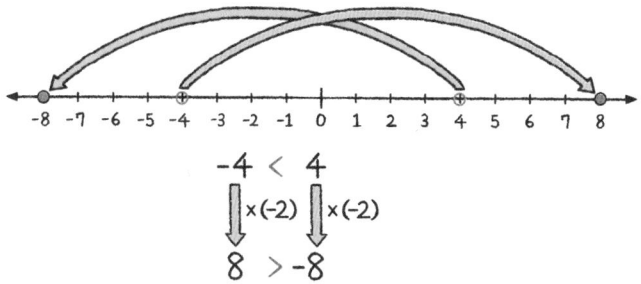

수직선을 살펴보면 −4 < 4에서 양변에 각각 −2를 곱했을 때에는 부등호의 방향이 바뀌는 것을 확인할 수 있습니다. 따라서 부등식의 양변에 같은 음의 정수를 곱하면 부등호의 방향이 바뀝니다.

그런데 왜 이런 곱셈 결과가 나올까요? 원래 곱셈은 같은 수를 반복해서 더하는 것을 의미합니다. 그런데 어떤 수에 음수를 곱하는 것은 그에 더해 '반대로 표시한다'는 뜻까지 포함하고 있어요. 음의 부호는 '반대 방향'이라는 의미를 가지고 있기 때문이지요. 예를 들어, 수직선에서 0을 기준으로 오른쪽으로 한 칸 간 것을 +1이라고 한다면 왼쪽, 즉 0에서 +1의 반대 방향으로 한 칸 더 간 것을 −1로 나타냅니다. 이러한 의미는 일상생활에서 앞으로 간 것을 +, 후퇴하는 것을 −로 표시하는 것과 같아요. 따라서 $(-4) \times (-2)$는 '(-4)를 반대 방향으로 두 번 반복해서 더하는 것'으로 생각할 수 있습니다. −4는 0을 기준으로 왼쪽에 있으니 반대 방향인 오른쪽으로 수를 표시하는 것으로 생각하면 쉽습니다.

부등식의 양변을 나눌 때도 마찬가지입니다. $-4 < 4$의 양변을 양의 정수 2로 나누면 $-2 < 2$로 부등호의 방향이 바뀌지 않습니다.

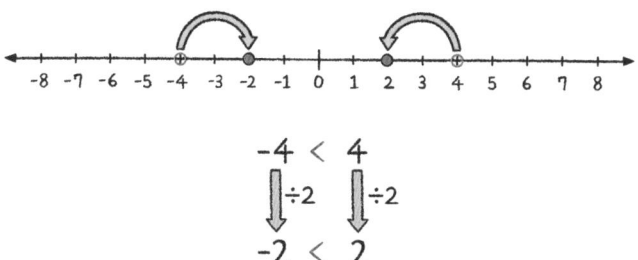

$$-4 < 4$$
$$\downarrow {\div}2 \quad \downarrow {\div}2$$
$$-2 < 2$$

반면 양변을 음의 정수인 −2로 나누면 −4는 2가 되고 4는 −2가 되어 부등호의 방향이 바뀌는 것을 알 수 있습니다.

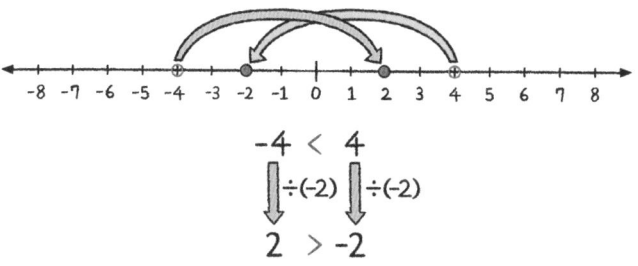

$$-4 < 4$$
$$\downarrow {\div}(-2) \quad \downarrow {\div}(-2)$$
$$2 > -2$$

혹시 왜 $(-4) \div (-2) = 2$, $4 \div (-2) = -2$인지 이해가 어렵나요? 곱셈과 나눗셈의 관계로 생각해 봅시다. 곱셈

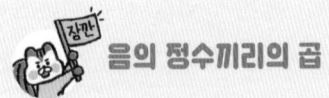

음의 정수끼리의 곱

수직선을 이용해 음수와 양수의 곱셈 결과를 이야기하는 것은 계산 결과를 쉽게 확인하기 위한 방법일 뿐이에요. 사실 음의 정수와 음의 정수의 곱이 양의 정수가 되는 것을 이해하는 것은 쉬운 일이 아니랍니다. 프랑스의 유명한 작가 스탕달은 이를 절대 이해할 수 없다고 자서전에 쓰기도 했으니까요. 다음 이야기를 통해 왜 음의 정수와 음의 정수의 곱은 양의 정수인지 생각해 보아요.

하루에 1000원씩 내고 우유를 배달시켰습니다. 1000원은 내가 지출하는 돈이니 −1000이라고 가계부에 쓸 수 있습니다. 그런데 우유 가게에서 행사로 일주일에 5일만 돈을 받고 2일은 무료로 준다고 합니다. 2일은 돈을 내지 않아도 되니 −2라고 할 수 있습니다. −2일 동안 내가 이익을 보는 금액은 가계부에 +로 표시할 수 있습니다. 따라서 하루에 −1000원씩 −2일 동안 내가 이익을 보는 금액은 다음과 같습니다.

$$-1000 \times -2 = 2000$$

과 나눗셈은 역연산(逆演算) 관계에 있습니다. 역연산은 '연산'이라는 단어에 '거꾸로 하다'라는 뜻을 가진 한자 역(逆)을 붙인 말입니다. 이름 그대로 **역연산은 계산한 결과를 계산을 하기 전의 수 또는 식으로 되돌아가게 하는, 거꾸로 하는 계산을 뜻합니다.** 예를 들어 15를 3으로 나누면 5가 됩니다. 이때 5를 원래의 수 15로 만들려면 어떻게 해야 할까요? 앞서 나누었던 3으로 다시 곱해야 합니다. 이처럼 나눗셈을 한 후 원래의 수로 돌아가려면 거꾸로 곱셈을 해야 하지요.

$$15 \div 3 = 5 \quad \leftrightarrow \quad 5 \times 3 = 15$$

그렇다면 $(-4) \div (-2)$를 x라고 했을 때 다음과 같이 나타낼 수 있습니다.

$$(-4) \div (-2) = x \quad \leftrightarrow \quad x \times (-2) = (-4)$$
$$4 \div (-2) = y \quad \leftrightarrow \quad y \times (-2) = 4$$

앞에서 음수의 곱셈에서 확인한 것처럼 어떤 수에 음수를 곱해 음수가 되게 하려면 원래의 수는 양수여야 합니다. 반대로 어떤 수에 음수를 곱해 양수가 되게 하려면 원래의 수는 음수여야겠지요. 따라서 x는 2, y는 −2라는 것을 알 수 있습니다.

부등호의 양변에 같은 수를 더하거나 뺄 때는 부등호의 방향이 그대로이지만, 부등호의 양변에 같은 수를 곱하거나 나눌 때에는 그 수가 양수이냐 음수이냐에 따라 부등호의 방향이 바뀐다는 것을 알 수 있었습니다. 따라서 등식의 성질 3과 4는 부등식에서 성립하지 않습니다. 부등식의 성질을 정리해 보면 다음과 같습니다.

| 부등식의 성질 |
[성질 1] 양변에 같은 수를 더하거나 빼도 부등호의 방향은 바뀌지 않는다.
[성질 2] 양변에 같은 양의 정수를 곱하거나 나눠도 부등호의 방향은 바뀌지 않는다.
[성질 3] 양변에 같은 음의 정수를 곱하거나 나누면 부등호의 방향이 바뀐다.

3. 부등식의 해 구하기

　부등식에서 부등호가 참이 되게 하는 미지수의 값을 부등식의 해 또는 근이라고 했습니다. 부등식도 이 미지수의 차수에 따라 방정식처럼 일차부등식, 이차부등식 등으로 구분할 수 있어요. 부등식의 풀이는 방정식의 풀이를 이용할 수 있기 때문에 여기서는 부등식의 해를 구하는 원리만 이해하도록 해요.

　부등식의 해는 부등식의 성질을 이용해 구합니다. 예를 들어, 부등식 $2x + 4 < 16$을 참으로 만드는 x 값을 구해 봅시다. 부등식의 성질에서 부등식의 양변에서 같은 수를 빼도, 양의 정수로 양변을 나누어도 부등호의 방향은 바뀌지 않는다는 것을 알았습니다. 따라서 $2x + 4 < 16$는 다음과 같이 계산할 수 있지요.

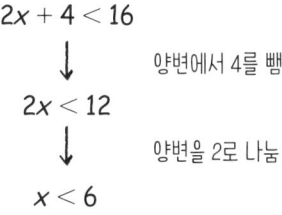

$$2x + 4 < 16$$
$$\downarrow \quad \text{양변에서 4를 뺌}$$
$$2x < 12$$
$$\downarrow \quad \text{양변을 2로 나눔}$$
$$x < 6$$

이 문제에서 만일 x가 양의 정수라면 $x<6$을 참으로 만드는 부등식의 해는 $1, 2, 3, 4, 5$가 될 겁니다. 그런데 만일 x가 양의 정수뿐만 아니라, 분수, 소수, 음의 정수까지 모두 포함한다면 해가 무수히 많이 존재하겠지요? 따라서 부등식의 해는 조건에 따라 $x<6$와 같이 부등식 자체로 나타내야 할 때도 있답니다.

그런데 앞에서 부등식의 양변을 나눌 때 음수일 경우에는 부등호의 방향이 바뀌니 주의해야 한다는 것을 확인했어요. 나누는 수가 양수일 때와 음수일 때 풀이 방법을 정리하면 다음과 같아요.

$$\bullet \, a > 0 \text{ 이면}$$
$$ax > b$$
$$x > \frac{b}{a}$$

$$\bullet \, a < 0 \text{ 이면}$$
$$ax > b$$
$$x < \frac{b}{a}$$

그런데 부등식 $ax > b$에서 a가 0이라면 어떻게 될까요? 이때는 ax가 0이므로 x 값에 상관없이 b의 값에 따라 부등식이 참인지 거짓인지가 결정됩니다. b가 0보다 큰 경우부터 살펴볼까요?

$$a = 0 \text{ 이고 } b > 0 \text{ 이면}$$
$$ax > b \text{에서}$$
$$0 \times x > b$$
$$0 > b$$

처음에 $b > 0$이라고 가정했는데 부등식을 풀다 보니 마지막에 $b < 0$이라는 결론에 도달했습니다. 0보다 크기도 하고 작기도 한 수는 없으므로 **x에 어떤 수가 들어가도 부등식이 성립하지 않습니다. 이러한 경우를 불능(不能)이라고 합니다.** 그렇다면 b가 0일 경우는 어떨까요?

$$a = 0 \text{ 이고 } b = 0 \text{ 이면}$$
$$ax > b \text{에서}$$
$$0 \times x > b$$
$$0 > 0$$

좌변과 우변 모두 0으로 등호가 사용되어야 하는데 좌변이 더 크다고 되어 있으니 x에 어떤 수가 들어가도 부등식이 성립하지 않습니다. 이 경우 역시 **불능(不能)**입니다. 마지막으로 b가 0보다 작은 경우를 살펴봅시다.

$$a = 0 \text{ 이고 } b < 0 \text{ 이면}$$
$$ax > b \text{에서}$$
$$0 \times x > b$$
$$0 > b$$

식을 풀다 보니 마지막에 $b < 0$이라는 결론에 도달했습니다. 이때 x에 어떤 수가 들어가도 부등식이 성립합니다. 이러한 경우를 **부정(不定)이라고 합니다. 해가 너무 많아서 정의할 수 없다는 의미지요.**

방정식을 해결할 때 등식의 성질을 이용했던 것처럼

부등식의 해를 구할 때에도 부등식의 성질을 이용할 수 있습니다. 다만 음수의 곱셈과 나눗셈에서는 부등호의 방향이 바뀐다는 것을 꼭 기억하세요.

지금까지 여러 가지 식에 대해서 알아보았습니다. 등식과 부등식은 등호와 부등호의 성질을 이용해 해를 찾을 수 있고, 다항식과 방정식, 항등식은 식을 그래프로 나타내는 데 중요하게 활용될 수 있다는 점을 살펴보았지요. 다음 장에서 여러 가지 식의 풀이 방법에 대해 알아보아요.

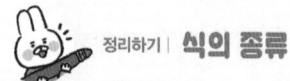 정리하기 | **식의 종류**

1. 등호(=)가 사용된 식을 등식, 부등호($>$, $<$, $\geq$, $\leq$, $\neq$)가 사용된 식을 부등식이라고 합니다.

2. 등식 중에는 방정식과 항등식이 있습니다.
   - 방정식: 미지수에 넣는 수에 따라 참이 되기도 하고 거짓이 되기도 하는 등식
   - 항등식: 미지수에 어떤 수를 넣어도 항상 성립하는 등식

3. 식을 참이 되게 하는 값을 해 또는 근이라고 합니다.

4. 부등식에서 미지수에 어떤 값을 대입해도 거짓이 되는 부등식을 불능, 어떤 값을 대입해도 참이 되는 부등식을 부정이라고 합니다.

『구장산술(九章算術)』은 중국의 고대 수학책입니다. 우리나라 산학(算學)에도 큰 영향을 미친 것으로 알려져 있습니다. 삼국 시대부터 『구장산술』에 대한 언급이 있었고, 신라와 고려에 산원을 뽑는 시험이 있었다는 점에서 우리나라에서도 『구장산술』이 연구되었을 것으로 추정됩니다. 『구장산술』에는 다음과 같은 문제가 실려 있습니다.

> "지금 소 2마리와 양 5마리를 팔아서 돼지 13마리를 사면 1000전이 남고,
> 소 3마리와 돼지 3마리를 팔아서 양 9마리를 사면 금액이 딱 맞아떨어지며,
> 양 6마리와 돼지 8마리를 팔아서 소 5마리를 사면 600전이 모자란다. 소,
> 양, 돼지의 값은 각각 얼마인가?"

이 문제 아래에는 다음과 같은 해설이 적혀 있습니다.

> "방정식으로 풀어라.
> 소 값은 1200전, 양 값은 500전, 돼지 값은 300전이다."

이 문제를 통해 미루어 봤을 때 삼국 시대 우리 조상들도 미지수가 3개인 연립방정식을 풀 수 있었다는 것을 알 수 있습니다.

이후 조선 시대의 실록에 따르면 세종대왕 때에 이미 '산판(算板)과 산가지'를 활용해 제곱근을 구할 수 있었다고 합니다. 실록에는 상수항을 진수(眞數), 1차항을 근(根), 2차항을 평방(平方), 3차항을 입방(立方), 4차항을 삼승방(三乘方)이라고 해서, '$3x^4 + 5x - 2$'라는 사차방정식을 '삼삼승방 다오근 소이진수(三三乘方 多五根 少二眞數)'라고 표현하였습니다. '다(多)'는 더하기, '소(少)'는 빼기를 뜻합니다.

우리는 우리나라가 전통적으로 수학, 과학보다 경전의 글을 읽고 쓰는 것을 중시했다고 알고 있습니다. 하지만 역사 속 기록들은 우리의 조상들이 훌륭한 수학 실력을 가지고 있었다는 것을 보여 줍니다. 조선 시대 실학자 홍대용의 다음 글에서 우리의 조상들이 수학을 얼마나 중요하게 생각했는지 알 수 있지요.

> "마음을 바르고 뜻을 참되게 하는 것이 배움과 실천의 중심 과제임은 물론이지만, 개물성무(開物成務 만물의 이치를 두루 깨달아 구체적인 사무를 잘 처리함)가 배움과 실천의 효용이 아니겠소? 예의 절차의 강구가 개물성무의 급선무임도 물론이지만, 율력(律曆), 산수(算數), 전곡(錢穀), 갑병(甲兵)이 개물성무의 중대한 일이 아니겠소?" (『담헌서』 내집3 「어떤 사람에게 보낸 편지」)

홍대용은 36세 때 사절단의 일행인 작은아버지를 따라 중국에 가서 서양 문물을 접한 뒤에 수학과 과학을 연구한 것으로 알려져 있습니다. 위

의 글을 보면 홍대용이 사회 발전을 위해 수학이 꼭 필요하고, 수학을
비롯한 모든 학문이 균형 있게 발전해야 한다고 생각한 것을 알 수 있습
니다.

3부

다항식과 방정식의 풀이

등식의 성질을 이용하면 다양한 방정식을 해결할 수 있습니다. 그런데 매번 복잡한 식을 일일이 다 풀려면 너무나 힘들겠지요? 이에 수학자들은 어려운 계산을 하지 않아도 쉽고 빠르게 근을 찾을 수 있는 '공식'을 만들었지요. 우리는 이 장에서 방정식의 풀이에 다양하게 활용되는 다항식의 풀이를 먼저 알아보고, 그 다음에 다양한 방정식의 공식에 대해 알아볼 거예요.

다항식의 풀이

등식 또는 부등식이 아닌 다항식의 경우 해를 구할 수 없습니다. 예를 들어, $x + 1$이라는 다항식의 미지수 x에는 어떤 수를 대입해도 상관없지요. 다항식을 푼다는 것은 복잡한 식을 단순하게 만드는 것을 의미해요. 예를 들어, 다음 문제를 살펴볼까요?

Q. 딸기가 4팩씩 들어가는 상자가 2개 있습니다. 이 상자에 담을 수 있는 딸기의 개수를 식으로 나타내세요.

이 문제에서 1팩에 들어가는 딸기의 개수는 정해져 있지 않으므로 a라고 합시다. 딸기 4팩에 들어 있는 딸기의 개수는 $4 \times a$, 즉 $4a$입니다. 딸기 4팩이 들어 있는 상자가 2개이므로, 전체 딸기의 개수는 $4a \times 2$라고 나타낼 수 있습니다. 그런데 $4a \times 2$라고 나타내는 것보다 $4 \times 2 \times a$, 즉 $8a$라고 표시하는 것이 훨씬 보기도 좋고 계산도 쉽게 할 수 있습니다. 이처럼 **다항식을 푼다는 것은 식을 간단히 정리하는 것을 의미합니다.** 다항식의 풀이는 방정식을 풀기 위해 식을 간단히 하는 과정에서 활용될 수 있어요. 다항식의 풀이는 다양하지만 그중 대표적인 방법 몇 가지를 알아보도록 해요.

1. 곱셈 법칙 이용하기

다항식을 약속하는 기본 단위인 항은 곱셈으로 연결된 수나 문자를 의미하지요. 즉 모든 항은 곱셈으로 약속되기 때문에 곱셈 법칙을 적용할 수 있답니다. 곱셈 법칙에 따라 어떻게 다항식을 간단히 나타낼 수 있는지 확인해 보아요.

곱셈의 교환 법칙

곱셈식에서는 곱셈 기호(×) 앞뒤의 순서를 바꿔 계산해도 전체 값이 변하지 않습니다.

$$a \times b = b \times a$$

교환 법칙을 활용하여 다음의 다항식을 간단히 나타내 봅시다. 2와 a의 순서를 바꿔 계산할 수 있습니다.

$$4a \times 2$$
$$= 4 \times a \times 2$$
$$= 4 \times 2 \times a$$
$$= 8a$$

곱셈의 분배 법칙

두 수의 합 또는 차에 어떤 수를 곱한 값은 두 수에 각각 어떤 수를 곱해서 더하거나 뺀 값과 같습니다.

$$a(b+c)=ab+ac$$
$$a(b-c)=ab-ac$$

분배 법칙을 활용하면 다음의 다항식을 간단히 나타낼 수 있습니다.

$$2(5a + 2b) - (3a + 3b)$$
$$= 10a + 4b - 3a - 3b$$
$$= 7a + b$$

2. 지수 법칙 이용하기

다항식에서는 문자가 거듭 곱해진 횟수를 '차수'라고 해요. 차수는 숫자의 거듭제곱을 나타내는 지수와 정의하는 방식이 같기 때문에 지수의 법칙을 이용하면 다항식을 간단히 나타낼 수 있답니다.

덧셈으로 계산하기

밑이 같고 지수가 자연수인 수의 곱셈은 지수끼리의 덧셈으로 나타낼 수 있습니다.

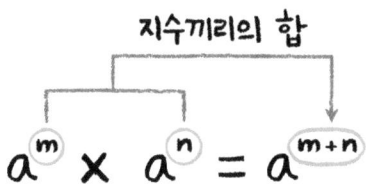

$$a^m \times a^n = a^{m+n}$$

마찬가지로 다항식에서 문자가 같은 경우의 곱셈은 차수끼리의 덧셈으로 나타낼 수 있습니다.

$$2a^2b^2 \times 4a$$
$$= (2 \times a^2 \times b^2) \times (4 \times a)$$
$$= 2 \times 4 \times a^2 \times a \times b^2$$
$$= 8a^3b^2$$

곱셈으로 계산하기

괄호 안에 있는 수에 대한 지수의 경우, 지수의 곱셈으로 나타낼 수 있습니다.

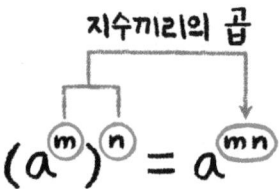

다항식에서도 괄호 안에 있는 문자에 대한 차수는 차수의 곱셈으로 나타낼 수 있습니다.

$$(4a^3)^2 \times b^2$$
$$= 16a^{3 \times 2} \times b^2$$
$$= 16a^6b^2$$

뺄셈으로 계산하기

밑이 같고 지수가 자연수일 때 나눗셈은 지수끼리의 뺄셈으로 계산할 수 있습니다.

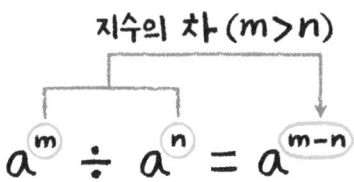

$$\text{지수의 차}\,(m > n)$$

$$a^m \div a^n = a^{m-n}$$

마찬가지로 다항식에서는 차수끼리의 뺄셈으로 계산할 수 있습니다.

$$3a^2b^2 \div 2ab$$
$$= \frac{3a^2b^2}{2ab}$$
$$= \frac{3}{2}a^{2-1}b^{2-1}$$
$$= \frac{3}{2}ab$$

곱셈 법칙과 지수 법칙을 이용해 다항식을 간단히 나타내는 것은 다항식을 푸는 다양한 방법 중 가장 기초적인 내용이랍니다. 곱셈 법칙과 지수 법칙 외에 여러분이 학교에서 배우게 될 다양한 방법을 알고 있으면 문제를 더 빠르고 쉽게 풀 수 있다는 점을 기억하세요.

② 일차방정식

일차방정식은 차수가 1인 방정식입니다. 일차방정식은 아주 오래전부터 수학에서 사용되었습니다. 예를 들어, 고대 이집트의 수학책인 『아메스 파피루스』에는 모르는 수를 hau라고 적은 방정식이 발견되기도 했습니다. 다만 고대의 방정식 풀이는 어떤 공식을 이용하는 것보다는 대부분 '예상과 확인'을 활용했다고 해요. 예를 들어, $3x + 2 = 11$이라는 식에서 x 대신 x에 알맞을 것 같은 숫자를 예상해서 넣어 보고 등식이 성립하는지를 확인하는 것이지요. 이때, 식에서 문자 대신 특정한 수를 넣는 것을 대입이라고 해요.

아라비아 수학자 알-콰리즈미는 방정식의 풀이를 체

계적으로 정리하였습니다. 알-콰리즈미의 본명은 아부 압둘라 무하마드 이븐 무사 알-콰리즈미입니다. 그는 지금 널리 쓰이는 십진법의 아라비아 숫자 체계를 정립하는 데에 크게 기여했지요. 알-콰리즈미는 9세기 초반 『알 제브르 알 무카발라』라는 책에서 일차방정식의 해법을 다루었습니다. 이 책은 수학의 역사에 있어 가장 중요한 책 중 하나로 평가받고 있지요.

알-콰리즈미가 사용한 일차방정식의 풀이 방법을 '이항법'이라고 합니다. 알-콰리즈미 이전에는 예상과 확인으로만 방정식의 근을 찾을 수 있었지만, 이항법이 소개된 이후에는 등식의 성질을 이용해 방정식의 근을 찾을 수 있게 되었습니다. 이항법에 대해 알아볼까요?

1. 이항법

이항법은 '옮기다'라는 의미의 한자 이(移)를 사용하여 '항을 옮기는 법칙'이라는 의미를 가지고 있어요. 이항법은 앞에서 살펴본 등식의 성질을 이용한 것이에요. 등식의 성질은 등호의 양변에 같은 수를 더하거나 빼도, 곱하거나 나누어도 등호가 유지되는 것이었지요? 예를 들어, 식 $3x + 2 = 11$의 양변에서 각각 2를 빼도 등호는 유지됩니다.

$$3x + 2 = 11$$
$$3x + 2 - 2 = 11 - 2$$
$$3x = 9$$

이항법은 이러한 과정을 더 간단히 생각한 것이에요. 같은 수를 빼는 과정을 더 간단히 생각하면 $3x + 2 = 11$에서 좌변에 있는 2라는 항을 우변으로 옮길 때 부호가 반대로 되는 것으로 생각할 수 있습니다.

$$3x + 2 = 11$$

이항: 부호 반대로

$$3x = 11 - 2$$

등식의 양변에서 같은 수를 빼거나 더하는 과정을 간단히 하면 등호의 반대쪽으로 항을 옮길 때 +는 −로, −는 +로 바뀝니다. 마찬가지로 ×는 ÷로, ÷는 ×로 바뀌지요. 이처럼 **등호를 중심으로 항을 옮길 때 역연산 관계에 있는 부호로 바꾸는 것을 '이항법'이라고 합니다.**

$$3x + 2 = 11$$
$$3x = 11 - 2$$

좌변의 2를 우변으로 넘기면서 빼기.

$$3x = 9$$
$$x = 9 \div 3$$

x앞의 3으로 우변을 나누기.

$$x = 3$$

2. 일차방정식의 풀이

앞에서 살펴본 등식의 성질을 잘 이용하면 일차방정식을 쉽게 해결할 수 있습니다. 문제에서 구하는 것을 미지수 x로 하고 조건에 따라 방정식을 세운 후, 이를 해결하면 됩니다. 다음 문제를 살펴볼까요?

Q. 어떤 수를 2배 한 수와 4의 합은 어떤 수에 6을 더한 것과 같다. 어떤 수는 얼마인가?

문제에서 구하고자 하는 어떤 수를 x라 하면 다음과 같이 식을 세울 수 있습니다.

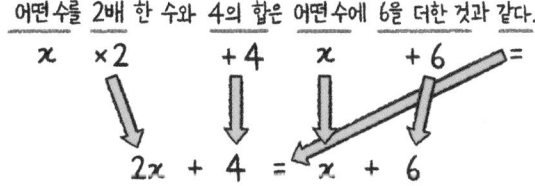

어떤 수를 찾아 식을 세웠으니 이제 일차방정식을 풀

어 볼까요? 앞에서 살펴본 등식의 성질을 이용하면 됩니다.

$$2x + 4 = x + 6$$

좌변과 우변에서 각각 4를 뺍니다.
$$2x + 4 - 4 = x + 6 - 4$$

$$2x = x + 2$$

좌변과 우변에서 각각 x를 뺍니다.
$$2x - x = x + 2 - x$$

$$x = 2$$

복잡한 문제라도 일차방정식으로만 잘 나타낼 수 있다면 해결하는 과정은 어렵지 않습니다. 이것이 바로 방정식의 매력이지요.

이차방정식은 차수가 2인 방정식입니다. 여러분은 이미 초등학교 때 이차방정식 문제를 푼 경험이 있어요. 기억이 나지 않는다고요? 다음 정사각형의 넓이를 구하면서 생각해 볼까요?

Q. 어느 정사각형의 넓이가 25cm²입니다. 이 정사각형의 한 변의 길이는 몇 cm일까요?

정사각형은 가로의 길이와 세로의 길이가 같으니 (한 변의 길이) × (한 변의 길이), 즉 (한 변의 길이)²으로 넓이를 구할 수 있습니다. 정사각형의 한 변의 길이를 x라고 할 때, 정사각형의 넓이는 다음과 같이 나타낼 수 있습니다.

$$x^2 = 25$$

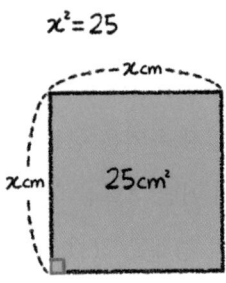

어떤가요? 미지수 x의 차수가 2이므로 $x^2 = 25$는 이차방정식입니다. 이와 같은 이차방정식의 역사는 오래되었습니다. 기원전 6세기경 메소포타미아 남쪽의 고대 문명인 바빌로니아의 유적에서도 찾을 수 있지요. 바빌로니아 점토판에서 발견된 방정식 문제는 다음과 같아요.

Q. 어떤 정사각형의 넓이에서 그 정사각형의 한 변의 길이를 뺀 것이 870일 때, 이 정사각형의 한 변의 길이를 구하여라.

이 문제는 $x^2 - x = 870$이라는 방정식으로 나타낼 수 있습니다. 비슷한 문제는 고대 이집트에서도 발견됩니다. 이와 같은 이차방정식 문제들이 고대 문서에서도 발견되는 이유는 땅의 측량과 밀접한 관련이 있기 때문이랍니다.

고대 이집트 나일강 유역은 상류인 에티오피아고원에 내리는 강수로 인해 매년 나일강이 범람했습니다. 나일강의 범람은 농경지의 경계를 없앴고, 홍수가 지나가면 농

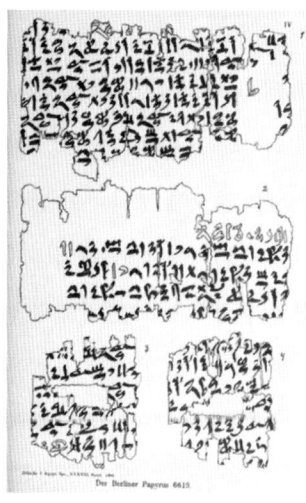

베를린 파피루스 6619. 고대 이집트의 이차방정식 문제가 수록되어 있다.

민들 사이의 분쟁이 끊이질 않았습니다. 따라서 범람 후 농경지를 원래대로 농민들에게 재분배하는 것이 국가의 중요한 일이었고, 그런 이유로 고대 이집트에서는 땅의 측량과 이를 위한 수학이 발전하게 되었습니다. 역사가 헤로도토스에 따르면 고대 이집트의 세소스토레스 왕은 홍수로 농민이 토지를 잃게 되면 다음과 같이 이차방정식을 이용해서 유실된 땅만큼 세금을 감해 주었다고 하는군요.

> $18m^2$(제곱미터)의 땅을 가지고 있는 농부의 세금 감면액을 x라 하면 다음과 같은 식으로 나타낼 수 있다.
>
> $$2x^2 - 16x = 54 - 14$$

물론 식에서 사용되는 인도-아라비아 숫자는 14세기경, 그 외의 수학 기호들은 16세기경 등장했기 때문에 고대 이집트에서 $2x^2 - 16x = 54 - 14$와 같은 식을 사용하지는 않았어요. 고대 문서들의 기록을 현재의 식으로 나타내면 $2x^2 - 16x = 54 - 14$와 같다는 것이지요.

고대에는 땅의 측량을 위해 이차방정식을 연구했고,

실제 기원전 2000년에 이미 이차방정식 풀이를 알아냈다고 해요. 하지만 이차방정식의 풀이가 체계적으로 정리되지는 못했어요.

이차방정식의 풀이에 논리적으로 접근한 사람은 인도의 수학자인 브라마굽타입니다. 628년에 그가 쓴 『우주의 원리에 의해 계시된 올바른 천문학』이라는 책에서 문제를 이차방정식의 꼴로 만들어 근을 구하는 과정을 문장으로 설명하였습니다. 이차방정식의 근의 공식도 최초로 소개하고 있습니다. 그러나 그 당시에는 0보다 작은 수인 음수 개념이 나타나지 않아 양수만 이차방정식의 해로 인정했지요. 음수의 개념은 700년경 인도에서 처음 사용되었습니다.

12세기에 들어와서야 이차방정식에 대한 완전한 해법이 소개되었습니다. 당시 인도 수학자 바스카라는 양수와 음수를 사용하여 오늘날 사용되는 이차방정식의 근의 공식을 문장으로 설명하였습니다. 자, 이제 이차방정식을 어떻게 푸는지 알아볼까요?

1. 이차방정식의 근의 공식

많은 문제를 이차방정식의 형태로 정리한 후 푸는 이유는 이차방정식의 해를 빠르고 정확하게 구할 수 있는 '근의 공식'이 있기 때문이에요. 이차방정식을 푸는 방법은 다양하지만 '근의 공식'을 활용하는 것이 가장 편리한 방법입니다. 이차방정식 $ax^2 + bx + c = 0$이 있을 때 x에 적합한 값, 즉 이차방정식의 근은 다음과 같이 계산할 수 있습니다. 이때, a가 0인 경우는 ax^2이 0이 되어 이차방정식이 될 수 없기 때문에 a는 0이 아닌 수여야 합니다.

$$x = \frac{-b \pm \sqrt{b^2 - 4ac}}{2a}$$

앞에서 살펴본 이차방정식 $x^2 - 8x - 20 = 0$의 해를 근의 공식을 이용해 구해 볼까요? 우선 식 $x^2 - 8x - 20 = 0$을 $ax^2 + bx + c = 0$과 비교하여 근의 공식에서 필요한 숫자 a, b, c가 각각 얼마인지 확인해 봅시다.

$$x^2 - 8x - 20 = 0$$

$$\Downarrow \quad \Downarrow \quad \Downarrow$$

$$ax^2 + bx + c = 0 \text{ 에서} \quad a=1 \quad b=-8 \quad c=-20$$

식 $x^2 - 8x - 20 = 0$에서 x^2은 $1 \times x^2$으로 생각할 수 있으므로 x^2 앞에 곱해진 수 a는 1입니다. 그렇다면 x 앞에 곱해진 수 b는 얼마일까요? x 앞에는 -8이 곱해져 있으므로 b는 -8이지요. 식 $ax^2 + bx + c = 0$에서 b의 부호가 +라고요? -8은 $+1 \times (-8)$로 볼 수 있습니다. 따라서 b는 -8입니다. 같은 방법으로 생각하면 c는 -20이 되지요. 이제 이 숫자들을 이차방정식의 근의 공식 $x = \dfrac{-b \pm \sqrt{b^2 - 4ac}}{2a}$에 대입해 봅시다.

$$x = \frac{-(-8) \pm \sqrt{(-8)^2 - 4 \times 1 \times (-20)}}{2 \times 1}$$

이를 계산해 보면 이차방정식 $x^2 - 8x - 20 = 0$에서 식이 참이 되게 하는 x 값은 10과 -2입니다.

2. 이차방정식의 근의 공식 유도

어떤 이차방정식도 근의 공식을 사용하면 답이 나옵니다. 이차방정식을 $ax^2 + bx + c = 0$의 형태로 정리한 후 a, b, c를 차례로 대입하기만 하면 되지요. 이제 이차방정식의 근의 공식을 어떻게 찾아냈는지 알아보아요. 언뜻 복잡해 보이지만, 우리가 아는 등식의 성질과 이항법 등으로 근의 공식을 유도할 수 있습니다. 한 번만 차근차근 따라가 보아요.

$$ax^2 + bx + c = 0$$

① 양변을 a로 나눕니다.

$$x^2 + \frac{b}{a}x + \frac{c}{a} = 0$$

② 양변에서 $\frac{c}{a}$를 뺍니다.

$$x^2 + \frac{b}{a}x + \frac{c}{a} - \frac{c}{a} = -\frac{c}{a}$$

$$\downarrow$$

$$x^2 + \frac{b}{a}x = -\frac{c}{a}$$

③ 양변에 $\left(\dfrac{b}{2a}\right)^2$ 을 더합니다.

$$x^2 + \frac{b}{a}x + \left(\frac{b}{2a}\right)^2 = -\frac{c}{a} + \left(\frac{b}{2a}\right)^2$$

④ 좌변을 완전제곱식으로 인수분해합니다.

$$\left(x + \frac{b}{2a}\right)^2 = -\frac{c}{a} + \frac{b^2}{2^2 a^2}$$

$$\downarrow$$

$$\left(x + \frac{b}{2a}\right)^2 = -\frac{c}{a} + \frac{b^2}{4a^2}$$

* $a^2 + 2ab + b^2 = (a+b)^2$입니다. 따라서 좌변을 다음과 같이 나타낼 수 있습니다.

$$x^2 + \frac{b}{a}x + \left(\frac{b}{2a}\right)^2 = \left(x + \frac{b}{2a}\right)^2$$

⑤ 우변을 통분합니다.

$$\left(x + \frac{b}{2a}\right)^2 = -\frac{4ac}{4a^2} + \frac{b^2}{4a^2}$$

* 통분이란 두 개 이상의 분수를 더하거나 뺄 때 분모의 크기를 같게 하는 계산을 뜻합니다.

⑥ 우변을 계산합니다.

$$\left(x + \frac{b}{2a}\right)^2 = \frac{-4ac + b^2}{4a^2}$$

* $-\frac{4ac}{4a^2}$ 는 $\frac{-4ac}{4a^2}$ 로 나타낼 수 있습니다.

예) $-5 = \frac{-5}{1} = -\frac{5}{1}$

$$\left(x + \frac{b}{2a}\right)^2 = \frac{b^2 - 4ac}{4a^2}$$

⑦ 제곱근을 구합니다.

$$x + \frac{b}{2a} = \pm \sqrt{\frac{b^2 - 4ac}{4a^2}}$$

* 제곱해서 4가 되는 수가 2와 −2가 있을 때, 2와 −2를 합쳐서 ±2라고 쓸 수 있습니다.

⑧ 우변의 분모를 근호 밖으로 빼냅니다.

$$x + \frac{b}{2a} = \pm \frac{\sqrt{b^2 - 4ac}}{2a}$$

* $\sqrt{4a^2}$, 즉 $\sqrt{(2a)^2}$ 은 $2a$ 입니다.

⑨ 좌변과 우변에서 각각 $\frac{b}{2a}$ 를 뺍니다.

$$x = -\frac{b}{2a} \pm \frac{\sqrt{b^2 - 4ac}}{2a}$$

$$\downarrow$$

$$x = \frac{-b \pm \sqrt{b^2 - 4ac}}{2a}$$

만들어진 공식을 이해하는 것도 쉽지 않은데 이러한 공식을 만들어 낸 수학자들이 정말 대단하지요? 수학자들은 여기서 그치지 않고 삼차방정식과 사차방정식의 근의 공식도 만들었답니다.

인수분해

인수분해란 어떤 식을 2개 이상의 식의 곱으로 나타내는 것을 뜻합니다.

$a^2 + 2ab + b^2$꼴의 식은 $(a + b) \times (a + b)$, 즉 $(a + b)^2$으로 인수분해할 수 있습니다. 예를 들어, $x^2 + 10x + 25$는 $(x + 5)^2$으로 인수분해할 수 있습니다. 이를 완전제곱식을 이용한 인수분해라고 합니다.

삼차방정식

인도 수학자들이 제시한 이차방정식의 근의 공식이 유럽으로 소개되자, 삼차방정식을 푸는 것은 16세기 유럽의 수학자들 사이에서 중요한 도전 과제가 되었습니다.

당시 삼차방정식의 근의 공식을 구하기 위해 많이 사용된 문제가 이자에 대한 것입니다. 16세기 유럽은 르네상스 시대로 상업과 금융업이 발달했습니다. 따라서 자연스레 이자 문제도 중요하게 대두되었지요. 이자 계산은 현대의 일상생활에서도 자주 사용됩니다. 이자와 방정식이 어떤 관계인지, 삼차방정식은 어떻게 풀 수 있는지 살펴보도록 합시다.

1. 이자와 방정식

Q. 송하는 유주에게 돈을 30000원 빌려 주었습니다. 매년 이율 3%를 적용해 복리로 계산하여 3년 후에 돌려받기로 했습니다. 3년 후, 송하는 유주에게 얼마를 받을 수 있을까요?

돈을 빌렸다가 갚을 때에는 원금에 이자를 더해 갚습니다. 이자는 돈을 빌렸을 때, 돈을 빌린 대가로 빌린 기간과 원래의 금액을 고려하여 내는 일종의 사용료예요. 그리고 이율은, 이자를 얼마나 내야 할지를 결정하는 원금에 대한 이자의 비율을 뜻하지요.

예를 들어, 1년간 이율 3%로 돈을 빌렸다면 그 액수의 3%, 즉 액수의 $\frac{3}{100}$을 원래 빌린 돈과 함께 사용료로 내야 한다는 의미입니다. 3000원을 빌리면 1년 후에 원래 빌렸던 3000원과 이자 90원($3000 \times \frac{3}{100} = 90$)을 더해 3090원을 돌려주는 것이지요.

$$\boxed{\text{빌린 돈}} \; + \; \boxed{\text{이자}} \; = \; \boxed{\text{갚아야 할 돈}}$$

$$3000 \qquad 3000 \times \tfrac{3}{100} \qquad 3000 + 3000 \times \tfrac{3}{100}$$

단리와 복리

단리와 복리는 이자를 계산하는 방법이에요. 단리는 원래 빌린 돈에 대해서만 이자를 내는 거예요. 예를 들어, 3년간 이율 10%의 단리로 100만 원을 빌리면 3년 후에 원래 빌린 돈 100만 원과 3년 치 이자를 더해 갚아야 하지요. 1년 치 이자가 10만 원이므로, 총 130만 원을 갚으면 됩니다.

반면 복리는 매해 원금과 이자를 더해 다시 이자를 계산하는 방법이에요. 예를 들어, 3년간 이율 10%의 복리로 100만 원을 빌린다고 생각해 볼까요? 3년 중 첫해의 이자는 10만 원입니다. 복리로 계산할 때 둘째 해에는 원래 빌린 돈 100만 원의 10%가 아니라, 원래 빌린 돈과 첫해의 이자 10만 원을 더한 110만 원의 10%로 이자를 계산해요. 따라서 둘째 해의 이자는 11만 원($1100000 \times \frac{10}{100} = 110000$)이 됩니다. 셋째 해에는 원래 빌린 돈 100만 원과 첫해 이자 10만 원, 둘째 해 이자 11만 원을 모두 더한 값의 10%를 이자로 계산해야 하지요. 단리보다 복리로 이자를 계산할 때 훨씬 복잡하고, 이자도 많이 내야 합니다.

단리

1. | 100 | 10 |
2. | 100 | 10 |
3. | 100 | 10 |

1년째 이자 : 100,000원
2년째 이자 : 100,000원
3년째 이자 : 100,000원

3년 만기 후 총 이자 : 300,000원

복리

1. | 100 | 10 |
2. | 110 | 11 |
3. | 121 | 12.1 |

1년째 이자 : 100,000원
2년째 이자 : 110,000원
3년째 이자 : 121,000원

3년 만기 후 총 이자 : 331,000원

이자와 방정식

그런데 이렇게 복잡한 복리 계산 문제는 방정식을 이용하면 쉽게 계산할 수 있습니다. 원래 빌려 준 돈을 a원, 이율을 r이라고 할 때 복리로 계산하여 n년 후에 돌려줘야 할 돈 x는 다음 식을 이용하면 쉽게 구할 수 있어요.

$$x = a(1 + r)^n$$
(a는 원금, r은 이율, n은 기간)

앞에서 살펴본 문제에서 송하는 유주에게 30000원을 매년 이율 3%의 복리로 3년간 빌려주었지요? 따라서 a는 30000, r은 0.03, n은 3으로 식에 대입해 봅시다. 이를 계산하면 3년 후 송하가 받을 돈 x는 $30000 \times (1 + 0.03)^3$ 원이라는 것을 알 수 있습니다.

그런데 복리 계산법인 $x = a(1 + r)^n$은 방정식이 아니라 등식이에요. 문자에 대입하는 수에 따라 등식의 참과 거짓이 결정되는 것이 아니라 문자 대신 수를 넣어 값을 구하는 식이니까요? 그런데 이 문제를 조금만 바꾸면 방정식 문제가 된답니다.

Q. 지금 나에게 30000원이 있습니다. 이 돈을 다른 사람에게 복리로 빌려주고 3년 후에 36000원을 받고 싶습니다. 1년 이자를 얼마로 해야 할까요?

이 문제를 풀기 위해서는 앞에서 살펴본 식 $x = a(1 + r)^n$을 이자인 r을 계산하는 식으로 바꿔 보면 됩니다. $x = a(1 + r)^n$에서 n 대신에 3을 넣어 정리하면 다음과 같습니다.

$$x = a(1 + r)^3$$
$$\downarrow$$
$$1 + 3r + 3r^2 + r^3 = \frac{x}{a}$$

지금은 어떻게 $x = a(1 + r)^n$이 $1 + 3r + 3r^2 + r^3 = \frac{x}{a}$로 바뀌는지는 생각하지 않도록 해요. a와 x에 각각 30000과 36000을 대입하면 다음과 같이 식을 쓸 수 있어요.

$$1 + 3r + 3r^2 + r^3 = \frac{36000}{30000}$$
$$\downarrow$$
$$1 + 3r + 3r^2 + r^3 = 1.2$$

식 $1 + 3r + 3r^2 + r^3 = 1.2$는 r에 어떤 수를 대입하는가에 따라 등식의 참과 거짓이 결정되므로 삼차방정식입니다. 여기서 r의 값을 구하면, 내가 30000원을 빌려주고 3년 후에 36000원을 받기 위해서 이율을 얼마로 해야 하는지를 계산할 수 있습니다.

2. 삼차방정식과 근의 공식

이자를 구하는 식 $1 + 3r + 3r^2 + r^3 = 1.2$의 해 r을 구하는 공식은 다음과 같아요. 복잡해 보이지만 알고 있는 숫자를 식에 대입하기만 하면 삼차방정식의 근을 계산할 수 있답니다. 아래와 같은 복잡한 식은 사실 초·중·고등학교에서 배우는 내용은 아니에요. 다만 방정식은 식이 참이 되게 하는 근을 찾는 등식이며, 이러한 근을 찾는 공식인 '근의 공식'이 삼차방정식에서도 존재한다는 점을 기억하세요.

$ax^3 + bx^2 + cx + d = 0 \ (a \neq 0)$의 근은

$$x_1 = -\frac{b}{3a} - \frac{1}{3a}A - \frac{1}{3a}B$$

$$x_2 = -\frac{b}{3a} + \frac{1+i\sqrt{3}}{6a}A + \frac{1-i\sqrt{3}}{6a}B$$

$$x_3 = -\frac{b}{3a} + \frac{1-i\sqrt{3}}{6a}A + \frac{1+i\sqrt{3}}{6a}B$$

$$A = \sqrt[3]{\frac{1}{2}\left[2b^3 - 9abc + 27a^2d + \sqrt{(2b^3 - 9abc + 27a^2d)^2 - 4(b^2 - 3ac)^3}\right]}$$

$$B = \sqrt[3]{\frac{1}{2}\left[2b^3 - 9abc + 27a^2d - \sqrt{(2b^3 - 9abc + 27a^2d)^2 - 4(b^2 - 3ac)^3}\right]}$$

3. 삼차방정식과 수학자들의 전쟁

앞서 이야기했듯 삼차방정식의 근의 공식이 등장한 것은 16세기경 유럽으로, 이 시기 수학의 발달은 상업의 발전을 바탕으로 이루어졌습니다.

르네상스 이전의 시기를 중세라고 합니다. 중세는 수학적으로 특별한 발전이 없어 수학의 암흑기라고 불린답니다. 중세 유럽은 모든 생활이 종교를 중심으로 이루어지고 있었습니다. 또 종교를 이유로 전쟁이 빈번하게 일어나기도 했는데 특히 가톨릭교도과 이슬람교도 사이에는 1096년부터 약 200년간 십자군 전쟁이라고 하는 큰 전쟁이 여덟 차례나 일어났습니다.

십자군 전쟁은 유럽의 패배로 끝났지만 이후 유럽 사회의 발전에 큰 영향을 주었습니다. 특히 이탈리아 항구 지역의 도시 국가들은 군대에 무기와 식료품을 공급하면서 무역의 중심지가 되었습니다. 무역을 통해 획득된 사본은 상업과 공업뿐만 아니라 문화와 수학을 발전시키는 밑거름이 되었습니다.

상업의 발달은 필연적으로 금융업과 연결되어 있답니다. 장사를 하려면 자본이 필요하고 이를 위해서는 누군가에게 돈을 빌리고 이자를 내야 하니까요. 은행처럼 돈과 관련한 일을 하는 것을 금융업이라고 해요. 르네상스 시대에는 금전 거래가 활발해지면서 이자를 계산하는 문제가 중요하게 대두되었는데, 이러한 거래에 필요한 수학적 계산을 정확히 하는 일이 중요해졌어요. 그래서 상인들은 유명한 수학자들에게 생활비와 연구비를 지원해 주기도 했습니다. 수학자들은 상인들에게 더 많은 지원을 받기 위해 명성을 높이는 일에 몰두했습니다. 어려운 수학 문제를 풀면서 서로의 실력을 겨루기도 하고, 누가 먼저 수학 공식을 만들었는지를 두고 다투기도 했습니다.

르네상스에는 빠르고 정확하게 계산을 하기 위해 여러 수학 기호들이 만들어졌고, 다양한 문제 풀이 방법이 등장했습니다. 삼차방정식의 근의 공식 또한 이러한 역사적 배경을 토대로 등장했지요.

불운의 수학자 타르탈리아

삼차방정식의 근의 공식이 세상에 소개되기까지는 여러 우여곡절이 있었습니다. 특히 삼차방정식은 불운의 수학자 타르탈리아의 생애와 깊은 관련이 있습니다. 타르탈리아의 본명은 니콜라 폰타나로 1499년 이탈리아에서 태어났습니다. 1512년 그가 살고 있던 마을에 프랑스 군대가 쳐들어오는 일이 있었습니다. 그때 타르탈리아는 머리와 턱에 큰 상처를 입고 후유증으로 말을 더듬게 됩니다. 타르탈리아는 이탈리아어로 '말을 더듬는 사람'이라는 의미로, 니콜라 폰타나는 이후 본명보다 타르탈리아라는 이름으로 더 많이 불리게 됩니다.

삼차방정식 근의 공식은 이탈리아 볼로냐 대학의 수학 교수였던 델 페로가 1515년 $x^3 + mx = n$인 삼차방정식 문제를 해결하면서 최초로 발견되었어요. 하지만 델 페로는 이를 논문으로 발표하지 않았는데, 이는 당시 유럽 사회에서 사용하던 수학 풀이 방식이 아닌 아라비아 수학을 활용했기 때문이지요. 델 페로는 자신의 해법을 제자인 안토니오 피오르에게 알려주었습니다. 피오르가 삼차방정식의 해법을 알고 있다는 소문이 수학자들 사이에 퍼지자 타르탈리아가 그를 찾아가 자신도 삼차방정식을 풀었다고 이야기합니다. 타르탈리아의 말이 거짓이라고 생각한 피오르는 삼차방정식을 푸는 공개 대결을 신청했고, 이 대결에서 타르탈리아가 승리하게 되지요.

이 소식을 들은 지롤라모 카르다노는 타르탈리아를 찾아가 삼차방정식의 해법을 알아냈습니다. 카르다노는 제자인 로도비코 페라리와 연구한 사차방정식의 대수적 해법과 함께 삼차방정식의 대수적 해법을 출판하고 싶었지만, 타르탈리아에게 해법을 비밀에 붙인다고 맹세했기 때문에 출판할 수는 없었지요.

그러나 카르다노는 델 페로가 삼차방정식의 해법을 발견했고 이를 피오르에게 전수했다는 사실을 알게 됩니다. 카르다노는 삼차방정식을 푼 최초의 사람이 타르탈리아가 아닌 델 페로라 생각하여 타르탈리아와의 약속을 무효화시키고 1545년에 『아르스 마그나』라는 책에서 여러 가지 형태의 삼차방정식의 해법을 발표합니다. 카르다노는 이 책에서 델 페로와 타르탈리아의 업적에 대해 인정하고 이를 칭찬하기도 했습니다.

스스로 삼차방정식의 해법을 발견했던 타르탈리아는 이러한 사실에 화가 나 카르다노와 논쟁을 벌였습니다. 하지만 사람들은 델 페로와 카르다노를 손을 들었고, 타르탈리아는 자신이 델 페로보다 늦게 발견했다는 사실을 인정할 수밖에 없었지요.

이후로 삼차방정식의 해법은 '카르다노의 방법'으로도 불리게 되었습니다. 수천 년이 지난 지금까지 카르다노의 이름이 삼차방정식과 함께 남아 있지요.

 정리하기 | **다항식과 방정식**

1. 다항식을 푼다는 것은 복잡한 식을 단순하게 만드는 것을 의미합니다. 여러 가지 수학 공식과 법칙을 이용해 다항식을 간단히 나타낼 수 있습니다.

2. 일차방정식은 등식의 성질을 이용한 이항법으로 해결할 수 있습니다.

3. 이차방정식의 근의 공식은 다음과 같습니다.

$$x = \frac{-b \pm \sqrt{b^2 - 4ac}}{2a}$$

4. 삼차방정식에서도 근의 공식이 존재합니다.

사차방정식의 풀이 방법은 카르다노의 제자 페라리가 1544년에 발견했다고 알려져 있어요. 이후 오차방정식의 해법은 약 300년 동안 발견되지 않았습니다. 그러다 19세기에 노르웨이 수학자 닐스 헨리크 아벨이 등장합니다.

21세의 아벨은 1∼4차 방정식의 풀이와 유사한 방법으로 오차방정식을 풀 수 없다는 것을 증명했지요. 모든 수학자들이 어떻게 오차방정식의 근을 찾을지 고민하는 사이 아벨은 '진짜 근이 있을까?'라고 생각했던 거예요.

아벨은 오차방정식의 연구와 관련하여 당시 유명한 수학자 카를 프리드리히 가우스에게 논문을 보냈지만 가우스에게 별다른 답장을 받지 못했다고 해요. 가우스가 아벨의 논문을 읽지 않은 이유에 대해서는 가우스가 자신에게 온 수많은 논문 중 별 볼 일 없는 논문 중 하나라고 생각하고 쓰레기통에 버렸다는 이야기도 있고, 너무나 가난했던 아벨이 논문을 만드는 비용을 줄이려고 많은 내용을 생략하다 보니 가우스가 논문을 제대로 평가하지 못했다는 이야기도 있어요.

아벨은 끝내 자신의 오차방정식에 대한 증명을 인정받지 못한 채 26세라는 젊은 나이에 가난과 병으로 세상을 떠나게 돼요. 하지만 이후 아벨의 논문이 재평가되어 가장 우수한 수학자 중 한 명으로 이름을 남기게 되었답니다. 이후 프랑스의 수학자 피에르 갈루아는 사차 이하의 방정식에는 근의 공식이 존재하고 오차 이상의 방정식에는 근의 공식이 없는 이유를 추가적으로 증명했습니다.

현재 노르웨이 정부는 아벨을 기념하는 우표를 발행하고 있고, 아벨 상을 만들어 수학 발전에 큰 공헌을 한 사람에게 수여하고 있어요.

이미지 정보

24면   바이에른 주립 도서관

41면   러브 고전 도서관

119면   Hans Schack–Schackenburg

       (commons.wikimedia.org)

수학 교과서 개념 읽기

식 기호에서 방정식까지

초판 1쇄 발행 | 2021년 1월 22일
초판 2쇄 발행 | 2021년 1월 29일

지은이 | 김리나
펴낸이 | 강일우
책임편집 | 김보은
조판 | 신성기획
펴낸곳 | (주)창비
등록 | 1986년 8월 5일 제85호
주소 | 10881 경기도 파주시 회동길 184
전화 | 031-955-3333
팩시밀리 | 영업 031-955-3399 편집 031-955-3400
홈페이지 | www.changbi.com
전자우편 | ya@changbi.com

ⓒ 김리나 2021
ISBN 978-89-364-5938-3 44410
ISBN 978-89-364-5936-9 (세트)